西點烘焙圖解

從鹹派到甜塔

麥田金 著

最早在古埃及的文獻記載裡，就出現了派的蹤跡
「pie」約在十四世紀出現，「tart」大約是十六世紀出現

　　十四世紀起，「派」常常被平民百姓用麵粉和奶油做成皮、加上餡料，成為餐桌上的食物，「塔」則是在十六世紀起王公貴族間盛行的點心。「塔」一般都是搭配甜的餡料，運用水果豐富的顏色，增加視覺上的美感，往往被皇室御廚們當作展現手藝才華的一種藝術作品。

　　然而，經過了幾個世紀的演變，時至今日，原本天差地別的「派」和「塔」，現在的界線已經有點分不清楚啦！有的用大小分：大的叫派、小的叫塔；有的用口味分：鹹的叫派、甜的叫塔；有的用層次分：雙層的叫派、單層的叫塔；有的用形狀分：圓形的叫派、有很多不同造型的叫塔；有的用口感分：皮吃起來有層次的叫派、像餅乾般酥脆的叫塔；有的用呈現方式分：連模型一起上桌的叫派、脫模上桌的叫塔。但是這些類別裡，又總是有例外的、不在這些規範裡的。所以綜合以上的結論可以知道，派和塔的區別，有很多面向是要同時考量到的，而且其中定義只是相對的標準、並不是絕對的規則，也就是說：派和塔在 21 世紀的今天，製作上已經沒有絕對的規定了。

　　寫一本烘焙書，真的很難。原本我以為可以為大家找出一個製作的規則，但是我光是從法文、英文、日文各種文獻裡要找出定義，就讓我揪結了好久。最後，我決定用做法來為大家分類：生皮生餡法、生皮熟餡法、熟皮熟餡法。

　　皮的做法分為：油糖拌合法、切油拌粉法、鹹派皮法、千層派皮法。

　　在這本書拍攝的過程中，經過不斷的腦力激盪下產生出好多的火花，我迫不及待的要和大家分享派皮和塔皮在搭配慕斯、蛋糕體及各式不同水果、鹹甜餡料後，可以呈現出的傲人姿態。水果塔在各種繽紛色澤水果和慕斯的搭配下，每一種都那麼美麗動人。結合廚藝和烘焙技巧所呈現出的十道鹹派，每一道派皮、食材和醬料搭配後呈現的美味，讓人吮指難忘。手工擀製的千層酥皮，層層堆疊出的酥脆口感，搭配滑嫩的蛋塔餡，不甜的配方組合，讓人一口接一口。用台灣 T 世家抹茶所製成的五道甜點，淡淡的茶香與法式塔模組合，呈現出高貴的質感，讓台灣抹茶甜點更好吃更升級。

　　感謝本書拍攝期間所有參與的工作人員們，謝謝大家，大家辛苦了。

　　現在，我們一起來探尋書中的美味吧！跟著我一起走進廚房，照著這本書裡的做法和步驟，就能做出讓家人、朋友看到就驚豔、吃起來眼睛發亮的美味派和塔。

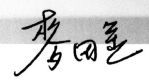

食材的魔術師

講到桃園的美食，我一點都不陌生。能夠兼顧健康、美味與美感的甜點，麥田金老師做的甜派、蛋糕，讓我印象相當深刻。麥田金老師的烘焙坊有各種客製化的造型蛋糕、美味的點心、和口味道地的中式糕餅。

她的甜點，不只照顧你的胃，也滿足了你的心。

麥田金老師是一位理論與技術兼具的烘焙老師，在桃園各地的社區大學擔任烘焙老師，也在台北市、新北市及桃園各鄉鎮的農會烘焙家政班擔任指導老師，曾獲得桃園縣政府頒發的優良教師獎牌。近幾年老師的教學範圍擴大，從宜蘭到屏東 14 個縣市，都能見到老師教學的足跡。讓大家可以就近學習烘焙的技術，也讓製作健康、美味的甜點的門檻不再那麼高，人人都可以學習烘焙的學問。

烘焙甜點，是技術也是藝術，所以可以寫出一本烘焙書，是件不容易的事情。除了要掌握烘焙過程中食材變化的規則，還要考慮到讀者不一定知道的烘焙小技巧，要面面俱到、面面貼心，才可以讓讀者能輕易的看書學習烘焙。

麥田金老師在書中，介紹了甜派、鹹派、慕斯、水果塔、葡式蛋塔，書裏介紹的食材，多運用台灣在地的水果，還有介紹了大溪的抹茶。桃園其實有很多食材都可以裝飾甜點，像是拉拉山的水蜜桃、水梨等。其實，使用在地食材，直接地產地銷，降低運輸成本、減少碳足跡，是將環保的概念融入飲食，不僅可以吃得安心，也促進在地經濟的發展。

雖然我是烘培外行人，但我是品嚐美食的專家，向大家推薦麥田金老師的新書，讓大家動手做甜點，吃得健康又安心。

桃園市長　鄭文燦

— Contents —

甜 派

黃金南瓜派　　　　P. 34

南瓜派餡
＋
美式派皮

酥菠蘿杏仁蔓越莓蛋糕派　　P. 36

酥菠蘿
＋
杏仁蔓越莓
蛋糕派餡
＋
法式杏仁派皮

法式草莓派　　　　P. 38

新鮮水果
＋
香草卡士達餡
＋
美式派皮

法式薄片蘋果派　　P. 40

蜜蘋果片
＋
蘋果餡
＋
法式派皮

德式櫻桃克萊芙堤　　P. 42

酒漬櫻桃
＋
克萊芙堤餡
＋
法式杏仁派皮

法式布魯達魯洋梨派　　P. 44

小洋梨
＋
杏仁派餡
＋
法式杏仁派皮

奇異果哈蜜瓜果凍派　　P. 46

鮮奶油 / 果凍液 /
新鮮水果
＋
奇異果慕斯餡
＋
美式派皮

鳳梨蘋果雙皮派　　P. 48

鳳梨蘋果派餡
＋
美式派皮

瑪士卡彭葡萄派　　　P. 50

鮮奶油 / 新鮮水果
＋
瑪士卡彭
青葡萄慕斯餡
＋
法式杏仁派皮

藍莓優格水果派　　　P. 52

新鮮水果 /
優格奶凍球餡
＋
藍莓慕斯餡
＋
法式杏仁派皮

甜桃派　　　P. 54

新鮮水果
＋
甜桃卡士達餡
＋
法式杏仁派皮

香草卡士達鮮果派　　　P. 56

鮮果餡
＋
奶油蛋黃卡士達
香堤餡
＋
法式杏仁派皮

錫蘭白葡萄派　　　P. 58

新鮮水果
＋
錫蘭慕斯餡
＋
美式派皮

百香果派　　　P. 60

新鮮水果
＋
百香果慕斯餡
＋
美式派皮

白天使巧克力派　　　P. 62

裝飾弧形巧克力 /
新鮮水果 / 鮮奶油香堤
＋
白巧克力慕斯餡
＋
法式杏仁派皮

美式紅櫻桃起司蛋糕派　　　P. 64

鮮奶油 /
紅櫻桃果醬
＋
乳酪慕斯餡
＋
美式餅乾底派皮

鹹 派

法式雞腿丁野菇鹹派　　P. 78

起司粉 / 匹薩起司絲
＋
法式雞腿派餡
＋
法式鹹派派皮

德式帕瑪森香腸鹹派　　P. 80

帕瑪森起司絲
＋
德式香腸派餡
＋
法式鹹派派皮

龍蝦海鮮蘆筍起司派　　P. 82

起司粉 / 蘆筍 /
匹薩起司絲
＋
龍蝦海鮮派餡
＋
法式鹹派派皮

燻雞青花椰蘑菇起司派　　P. 84

青花菜 / 匹薩起司絲
＋
燻雞蘑菇派餡
＋
法式鹹派派皮

夏威夷海鮮起司鹹派　　P. 86

雙色起司絲
＋
夏威夷派餡
＋
法式鹹派派皮

義式瑪格麗特蕃茄鹹派　　P. 88

起司粉 / 匹薩起司絲 /
紅蕃茄
＋
蘑菇醬派餡
＋
法式鹹派派皮

白蘭地櫻桃鴨鹹派　　P. 90

起司粉 / 匹薩起司絲
＋
櫻桃鴨胸派餡
＋
法式鹹派派皮

韓式泡菜燒肉鹹派　　P. 92

起司粉 / 匹薩起司絲
＋
韓式派餡
＋
法式鹹派派皮

田園風松露野菇鹹派（奶素）　　P. 94

起司粉 / 匹薩起司絲
＋
西班牙鹹派餡
＋
法式鹹派派皮

日式味噌鮭魚山藥鹹派　　P. 96

匹薩起司絲
＋
日式鮭魚派餡
＋
法式鹹派派皮

小 塔

夏威夷豆塔　　P. 100

夏威夷豆塔餡
＋
美式塔皮

焦糖綜合堅果塔　　P. 102

焦糖綜合堅果塔餡
＋
美式塔皮

杏仁船型酥　　P. 104

杏仁餡
＋
船型糯米餅

堅果船型酥　　P. 106

堅果蔓越莓餡
＋
船型糯米餅

草莓香堤船型酥　　P. 108

新鮮水果 /
鮮奶油香堤
＋
船型糯米餅

養生黃金南瓜小塔　　P. 110

南瓜卡士達餡
＋
南瓜泥餡
＋
美式塔皮

水蜜桃塔　　P. 112

水蜜桃
＋
奶油蛋黃卡士達
香堤餡
＋
美式塔皮

蜜蘋果塔　　P. 114

蜜蘋果片 /
奶油蛋黃卡士達香堤餡
＋
蘋果餡
＋
美式塔皮

奇異果塔　　P. 116

新鮮水果
＋
奶油蛋黃卡士達
香堤餡
＋
美式塔皮

水果塔 (六種)　　　P. 118

新鮮水果
＋
奶油蛋黃卡士達
香堤餡
＋
美式塔皮

無花果塔　　　P. 120

小馬卡龍 / 新鮮水果 /
鮮奶油
＋
奶油蛋黃卡士達
香堤餡
＋
法式塔皮

鮮果塔　　　P. 122

巧克力裝飾片 /
新鮮水果 / 鮮奶油
＋
奶油蛋黃卡士達
香堤餡
＋
法式塔皮

雙莓水果塔　　　P. 124

巧克力裝飾片 /
新鮮水果 / 鮮奶油
＋
奶油蛋黃卡士達
香堤餡
＋
法式塔皮

金箔巧克力抹茶藏心塔　　　P. 126

棉花糖 /
巧克力嘉納錫
＋
抹茶白巧克力
慕斯餡
＋
法式巧克力塔皮

酥皮焦糖香蕉塔　　　P. 128

新鮮水果 / 岩石酥餅 /
巧克力慕斯 / 酥菠蘿
＋
杏仁蛋糕餡
焦糖香蕉餡
＋
法式杏仁塔皮

牛奶巧克力塔　　　P. 130

小馬卡龍 / 鮮奶油
牛奶巧克力
＋
巧克力慕斯餡
＋
法式巧克力塔皮

榛果巧克力塔　　　P. 132

巧克力嘉納錫 /
榛果
＋
巧克力慕斯餡
＋
法式巧克力塔皮

抹茶紅豆小塔　　　P. 134

蜜紅豆 /
抹茶白巧克力慕斯
＋
抹茶白巧克力慕斯餡
＋
法式塔皮

抹茶白巧克力慕斯塔　　　P. 136

抹茶鏡面
＋
白巧克力慕斯 /
抹茶白巧克力慕斯餡
＋
美式餅乾底塔皮

養樂多小塔　　　P. 140

養樂多果凍球 /
鮮奶油香堤
＋
養樂多果凍餡
＋
法式巧克力塔皮

覆盆子草莓塔　　　P. 142

新鮮水果 / 草莓嘉納錫 /
莓果慕斯餡 / 蕾絲瓦片
＋
杏仁巧克力豆蛋糕餡
＋
法式巧克力塔皮

巧克力蘋果塔　　　P. 144

巧克力餅乾棒 /
巧克力嘉納錫 /
巧克力慕斯餡
＋
杏仁巧克力豆蛋糕餡
＋
法式塔皮

乳酪香堤塔　　　P. 148

彩色小馬卡龍 /
白巧克力裝飾片 /
鮮奶油香堤
＋
乳酪慕斯餡
＋
美式餅乾底塔皮

法式布蕾小塔　　　P. 150

新鮮水果 / 蕾絲瓦片 /
鮮奶油
＋
牛奶巧克力 /
法式布蕾餡
＋
美式餅乾底塔皮

脆皮杏仁巧克力小塔　　　P. 152

杏仁角 /
牛奶巧克力
＋
巧克力慕斯餡
＋
奶油榛果巧克力
蛋糕底

馬卡龍愛心小塔　　　P. 154

新鮮水果 /
心形草莓馬卡龍 /
鮮奶油
＋
莓果慕斯餡
＋
法式杏仁塔皮

覆盆子果凍塔　　　P. 158

新鮮水果
鮮奶油
＋
莓果慕斯餡
＋
法式杏仁塔皮

草莓馬卡龍慕斯塔　　　P. 160

小馬卡龍 / 新鮮水果
＋
草莓嘉納錫 /
莓果慕斯餡
＋
美式餅乾底塔皮

檸檬小塔　　　P. 164

檸檬片
＋
檸檬慕斯餡
＋
法式塔皮

甜桃塔　　　P. 166

鮮奶油 / 甜桃
＋
甜桃卡士達餡
＋
美式塔皮

百香果塔　　　P. 168

新鮮水果 / 鮮奶油
＋
百香果慕斯餡
＋
法式杏仁塔皮

草莓小塔　　　P. 170

新鮮水果
＋
香草卡士達餡
＋
法式杏仁塔皮

哈密瓜小塔　　　P. 172

芭芮脆片 / 鮮奶油 /
新鮮水果
＋
奶油蛋黃卡士達
香堤餡
＋
美式塔皮

葡式
蛋塔

原味葡式蛋塔　　　　　P. 176

原味蛋塔餡
＋
原味千層外皮

黑糖麻糬葡式蛋塔　　　P. 178

黑糖蛋塔餡 /
黑糖麻糬
＋
原味千層外皮

咖啡葡式蛋塔　　　　　P. 180

咖啡蛋塔餡
＋
原味千層外皮

抹茶葡式蛋塔　　　　　P. 182

抹茶蛋塔餡 /
紅豆顆粒
＋
抹茶千層外皮

巧克力葡式蛋塔　　　　P. 184

巧克力蛋塔餡 /
耐烤巧克力豆
＋
巧克力千層外皮

巧克力口味變化版 (一)
長條巧克力派司　　　　P. 186

杏仁角
＋
巧克力 /
巧克力千層外皮

巧克力口味變化版 (二)
巧克力太陽派　　　　　P. 188

杏仁角
＋
巧克力千層外皮 /
藍莓果醬

塔模

派皮壓模

圓塔模

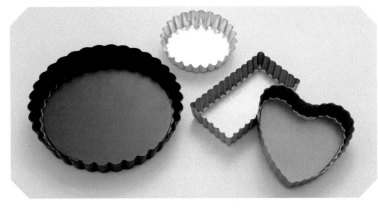

派模、塔模

日本花形模

小塔模

矽膠模型

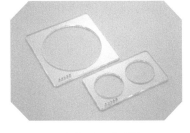

壓克力底模

小塔模

波浪板

電子溫度計

圓形兩用壓模

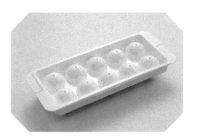

製冰盒

翻糖花壓模

巧克力轉印紙

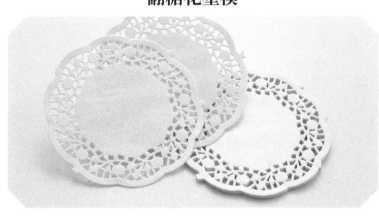

花紋底紙

切片器

去心器

重石

磨皮器

龍蝦

德國香腸

雞腿

鮭魚

燻雞

鯛魚

鴨胸

鮮干貝

三色蔬菜

吉利丁片

紅醋栗

白巧克力、苦甜巧克力

香草莢

覆盆子

帕瑪森起司絲

耐烤乳酪丁

藍莓

匹薩起司絲

雙色起司絲

黑莓

瑪士卡彭起司
奶油乳酪

各式堅果

葡萄乾、蔓越莓

法芙娜 100% 純可可粉

吉利丁粉

蒟蒻果凍粉

杏仁粉、馬卡龍專用杏仁粉、榛果粉

洋菜粉

鹹派調味料

馬鈴薯、山藥

糯米船型餅

新鮮水果

紅豆顆粒

錫蘭紅茶茶葉

即溶咖啡粉

抹茶粉

各色造型糖珠、金箔

辣椒粉

消化餅乾

各式配料

食用花

調味酒

薄荷葉

油糖拌合法

美式 / 台式派皮

份　　量 2 個

使用模具 SN5560 黑色活動菊花模

材料

天然醱酵無鹽奶油	65g	**蛋水**	
鹽	1g	全蛋	1 顆
糖粉	35g	水	20g
全蛋	25g		
天然香草莢醬	1g	※ 全蛋與水混合備用	
低筋麵粉	125g		
奶粉	5g		

製作流程

1 奶油室溫回軟，加入鹽攪勻（圖 1），用電動打蛋器快速打 2 分鐘（圖 2）。

2 糖粉過篩後加入拌勻（圖 3、4），用電動打蛋器快速打 2 分鐘（圖 5）。

3 加入全蛋和香草莢醬（圖 6）拌勻，用電動打蛋器快速打 2 分鐘（圖 7）。

4 分別將低筋麵粉、奶粉過篩後加入（圖 8、9），以刮刀拌勻（圖 10），放入冰箱冷藏 20 分鐘。

5 將做好的派皮從冰箱取出，放在剪開的塑膠袋上（圖 11），擀開至厚度約 0.3 公分（圖 12），修圓（圖 13），派皮大小比模略大（圖 14）。

6 入模（圖 15），手指推壓底部（圖 16），側推花邊（圖 17），取出塑膠袋（圖 18）。

7 用刀修掉多餘派皮（圖 19-1），或以擀麵棍擀掉多餘派皮（圖 19-2），再用叉子於底部戳孔（圖 20）。

8 剪紙、折紙（圖 21～圖 23），將紙展開（圖 24），壓入模（圖 25），入重石（圖 26）。

9 放入預熱好的烤箱，以全火 180℃，烤焙 18 分鐘。出爐後，取出紙及重石（圖 27），刷上蛋水，續烤 5 分鐘至表面烤熟，出爐，放涼備用。

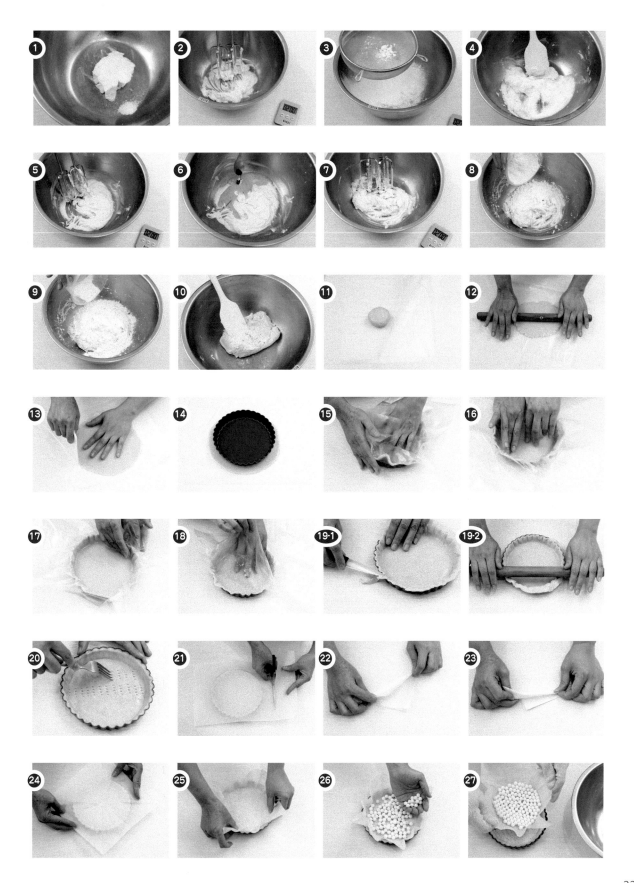

切油拌粉法 · 法式派皮

份　　量 2 個

使用模具 SN5560 黑色活動菊花模

材料

低筋麵粉	140g	天然醱酵無鹽奶油 (冰硬)	70g	**蛋水**	
鹽	2g	全蛋	35g	全蛋	1 顆
細砂糖	5g	冰水	15g	水	20g　※ 全蛋與水混合備用

製作流程

1 麵粉過篩於桌面上（圖 1），加入鹽、細砂糖拌勻（圖 2、3）。

2 加入冰硬的奶油（圖 4），用刮板切碎（圖 5），搓散成沙狀（圖 6），築粉牆。

3 續入全蛋、冰水（圖 7），用切拌法拌勻成麵糰（圖 8、9），放入冰箱冷藏 20 分鐘。

4 將做好的派皮從冰箱取出，放在剪開的塑膠袋上，擀開至厚度約 0.3 公分，修圓，派皮大小比模略大（圖 10）。

5 入模，手指推壓底部，側推花邊（圖 11），取出塑膠袋。

6 用刀修掉多餘派皮（圖 12），或以擀麵棍擀掉多餘派皮（圖 13），再用叉子於底部戳孔（圖 14）。

7 剪紙、折紙，將紙展開，壓入模（圖 15），入重石（圖 16）。

8 放入預熱好的烤箱，以全火 180℃，烤 18 分鐘後，取出紙及重石（圖 17），續烤 5 分鐘；取出，刷上蛋水（圖 18），再入爐，續烤 5 分鐘。出爐，放涼備用。

法式杏仁派皮

切油拌粉法

份　　量　2 個
使用模具　SN5560 黑色活動菊花模

材料

低筋麵粉	120g	杏仁粉	15g	蛋水	
鹽	1g	天然釀酵無鹽奶油(冰硬)	60g	全蛋	1 顆
糖粉	40g	全蛋	25g	水	20g　※ 全蛋與水混合備用

製作流程

1　麵粉、糖粉過篩於桌面上（圖 1），加入鹽、杏仁粉拌勻（圖 2 ～ 4）。

2　加入冰硬的奶油，以刮板切碎（圖 5），搓散成沙狀（圖 6），築粉牆。

3　續入全蛋（圖 7），用切拌法拌勻成麵糰（圖 8、9），放入冰箱冷藏 20 分鐘。

4　將做好的派皮從冰箱取出，放在剪開的塑膠袋上，擀開至厚度約 0.3 公分，修圓，派皮大小比模略大（圖 10）。

5　入模，手指推壓底部，側推花邊（圖 11），取出塑膠袋。

6　用刀修掉多餘派皮（圖 12），或以擀麵棍擀掉多餘派皮（圖 13），再用叉子於底部戳孔（圖 14）。

7　剪紙、折紙，將紙展開，壓入模（圖 15），入重石（圖 16）。

8　放入預熱好的烤箱，以全火 180℃，烤 18 分鐘後，取出紙及重石（圖 17），續烤 5 分鐘；取出，刷上蛋水（圖 18），再入爐，續烤 5 分鐘。出爐，放涼備用。

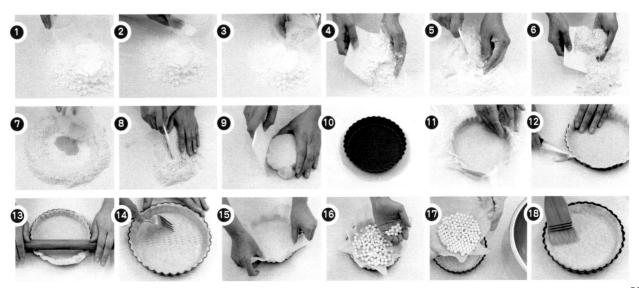

切油拌粉法　法式巧克力派皮

份　　量　2 個

使用模具　SN5560 黑色活動菊花模

材料

低筋麵粉	110g	天然醱酵無鹽奶油 (冰硬)	65g	**蛋水**	
法芙娜 100% 純可可粉	15g	全蛋	40g	全蛋	1 顆
鹽	2g	冰水	20g	水	20g
細砂糖	5g				

※ 全蛋與水混合備用

製作流程

1　麵粉、可可粉過篩在桌面上（圖 1），加入鹽、細砂糖拌勻（圖 2～4）。

2　加入冰硬的奶油，用刮板切碎（圖 5），搓散成沙狀（圖 6），築粉牆。

3　續入全蛋、冰水（圖 7），用切拌法成麵糰（圖 8），放入冰箱冷藏 20 分鐘。

4　將做好的派皮從冰箱取出，放在剪開的塑膠袋上，擀開至厚度約 0.3 公分，修圓，派皮大小比模略大。

5　入模，手指推壓底部，側推花邊，取出塑膠袋。

6　用刀修掉多餘派皮，或以擀麵棍擀掉多餘派皮，再用叉子於底部戳孔。

7　剪紙、折紙，將紙展開，壓入模，入重石。

8　放入預熱好的烤箱，以全火 180℃，烤 20 分鐘後，取出紙及重石，續烤 5 分鐘；取出，刷上蛋水，再入爐烤 5 分鐘。出爐，放涼備用。

法式鹹派派皮

切油拌粉法

份　　量　2個
使用模具　SN5560 黑色活動菊花模

材料

中筋麵粉	140g	細砂糖	5g
無水奶油（澄清奶油）	85g	冰水	35g
鹽	3g		

製作流程

1 無水奶油放在塑膠袋中，放入冰箱冷藏 30 分鐘，冰硬備用。

2 中筋麵粉過篩於桌面上，加入冰硬的無水奶油、鹽、細砂糖（圖 1），用刮板切碎（圖 2），搓散成沙狀，築粉牆。

3 續入冰水，以切拌法成麵糰（圖 3、4），放入冰箱冷藏 20 分鐘。

4 將做好的派皮從冰箱取出，放在剪開的塑膠袋上，擀開至厚度約 0.3 公分，修圓，派皮大小比模略大（圖 5）。

5 入模，每個 120g，手指推壓底部，側推花邊（圖 6），取出塑膠袋。

6 用刀修掉多餘派皮（圖 7），或以擀麵棍擀掉多餘派皮（圖 8），備用。

義式馬卡龍

| 馬卡龍 | 材料

馬卡龍專用杏仁粉	160g
糖粉	140g
蛋白①	50g
細砂糖	140g
水	45g
蛋白②	60g
蛋白粉	6g
紅色色素	適量

| 馬卡龍 | 製作

1 馬卡龍專用杏仁粉、糖粉混合後過篩 1 次（圖 1、2），加入蛋白①拌勻成糰（圖 3、4）。

2 細砂糖、水混合（圖 5、6），放上爐煮至 121℃（圖 7）。

3 蛋白粉加入蛋白②（圖 8），以電動打蛋器打發 1 分 30 秒，分次倒入煮好的糖水（圖 9），打至乾性發泡約 4 分鐘（圖 10）。

4 打發的蛋白分三次加入拌好的杏仁粉糊中拌勻（圖 11、12），拿刮刀撈起麵糊成片狀（圖 13）。

5 將 1 公分平口圓形花嘴套入擠花袋，裝入拌好的麵糊，烤盤鋪防沾紙，花嘴離烤盤 1 公分高擠出大圓球及小圓球（圖 14、15）。

　※ 若麵糊表面有小氣泡，用竹籤刺破填平。

6 麵糊加入紅色色素拌勻（圖 16、17），裝入擠花袋，擠出大圓球和小圓球（圖 18）。

7 用心形模沾糖粉在烤盤上壓出形狀（圖 19），麵糊在上面擠出心形（圖 20）；或在烤焙紙上畫愛心的形狀（圖 21），將紙翻面，麵糊在上面擠出心形（圖 22）。

8 放入以上火 60℃ / 下火 0℃ 預熱的烤箱裏烘乾 20 分鐘。烤盤不取出，烤箱溫度調整成上火 130℃ / 下火 150℃，續烤 20 ～ 22 分鐘。

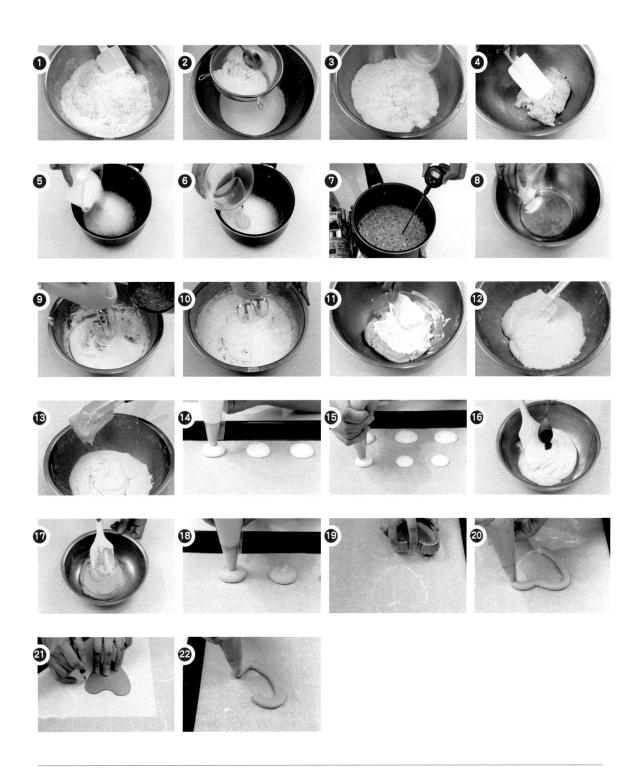

巧克力嘉納錫	材料
苦甜巧克力	100g
動物性鮮奶油	40g

| 巧克力嘉納錫 | 製作

苦甜巧克力與動物性鮮奶油一起隔水加熱至巧克力融化即可。

組合 取二片馬卡龍，中間夾入適量巧克力嘉納錫即可。

鮮奶油香堤

材料

動物性鮮奶油	150g
細砂糖	30g
蘭姆酒	5g

製作流程

1 取鍋子放入鮮奶油,底下墊冰塊水(圖1),加入細砂糖(圖2),以手提電動打蛋器打發(圖3)。

2 加入蘭姆酒拌勻(圖4),冷藏備用。

巧克力片

材料

巧克力	300g	轉印片	1張	塑膠片	5片

製作流程

1 巧克力隔水加熱融化(圖1、2)。

2 **轉印:**桌面放轉印片,將已融化的巧克力倒上,用抹刀抹平(圖3),抹平後將轉印紙移開(圖4),待巧克力稍凝固,用小刀割出線條(圖5),移到波浪板上(圖6),待乾後拿起即可。

3 **弧形、線條:**巧克力倒至塑膠片上(圖7),用抹刀抹平(圖8),拿刮板由左至右刮出線條(圖9),將巧克力膠片移開(圖10),待巧克力稍凝固,整片圍在圓柱狀物體上(圖11),待乾後取出即可(圖12)。

杏仁奴渣汀蕾絲瓦片

材料

天然醱酵無鹽奶油	40g	糖粉	55g
二砂糖	40g	低筋麵粉	30g
柳橙汁	50g	杏仁角	50g
天然香草莢醬	10g		

製作流程

1 奶油隔水加熱至融化（圖1）。

2 將二砂糖加入天然香草莢醬、柳橙汁混合（圖2、3），以隔水加熱的方式把糖溶化，用打蛋器攪勻。

3 糖粉過篩，加入作法2中（圖4），用打蛋器攪勻。

4 續入低筋麵粉拌勻（圖5），再加入杏仁角以刮刀拌勻（圖6），最後將融化奶油放入，用刮刀拌勻成麵糊。

5 封上保鮮膜（圖7），靜置10分鐘。

6 以湯匙舀取麵糊製作圓片。

　　方法1：用湯匙舀少許麵糊在模型中（圖8），完成後脫模（圖9）。

　　方法2：使用中空圓形模，用湯匙舀少許麵糊在模型中（圖10），完成後脫模（圖11）。

　　方法3：用湯匙舀少許麵糊在烤焙紙上，以湯匙背面將麵糊攤開成小圓片（圖12）。

7 以全火190℃，烘烤6～8分鐘即可。

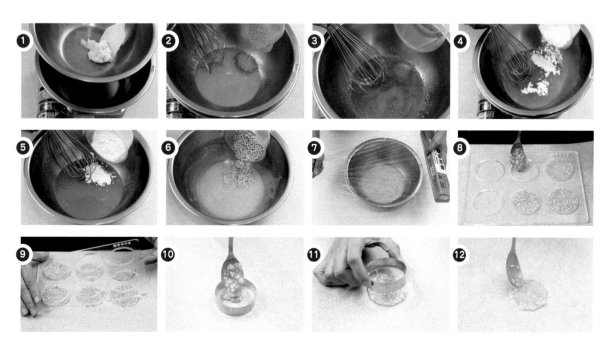

Part 1

甜 派

垂涎欲滴的甜派
如同典雅的黃金南瓜派
酥菠蘿杏仁蔓越莓蛋糕派
粉嫩的法式草莓派、法式薄片蘋果派等
多款香甜富變化的甜派
點綴出一場優雅浪漫的甜心派對！

黃金南瓜派

份　　量 2 個
使用模具 SN5560 黑色活動菊花模

賞味建議　冷藏 3 天

| 美式派皮 | 材料

天然醱酵無鹽奶油	65g
鹽	1g
糖粉	35g
全蛋	25g
天然香草莢醬	1g
低筋麵粉	125g
奶粉	5g

| 美式派皮 | 製作

請參照第 22、23 頁
「美式 / 台式派皮」製作 1 ～ 6

| 南瓜派餡 | 材料

動物性鮮奶油	60g	全蛋	2 顆
蒸熟南瓜泥	200g	杏仁粉	60g
細砂糖	30g	蘭姆酒	10g

| 裝飾 | 材料

防潮糖粉	適量

| 南瓜派餡 | 製作

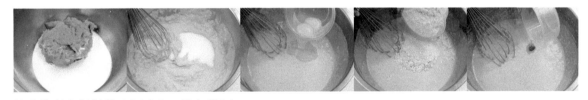

依序將所有材料放入鋼盆中，拌勻備用。

組合 > 烤焙 > 裝飾

❶ 將南瓜派餡 230g 填入派皮中。

❷ 放入預熱好的烤箱，以全火 180℃，烤焙 20 分鐘後調
　頭，續烤 5 ～ 8 分鐘。出爐後放涼，脫模。

❸ 放上花形模板，在派的表面撒上防潮糖粉裝飾，完成。

酥菠蘿杏仁蔓越莓蛋糕派

份　量 2 個　　**使用模具** SN5560 黑色活動菊花模

賞味建議　冷藏 4 天

法式杏仁派皮 │ 材料

低筋麵粉	120g
鹽	1g
糖粉	40g
杏仁粉	15g
天然醱酵無鹽奶油 (冰硬)	60g
全蛋	25g

法式杏仁派皮 │ 製作

❶ 請參照第 25 頁「法式杏仁派皮」製作 1 ～ 5。

❷ 以擀麵棍擀掉多餘的派皮。

杏仁蔓越莓蛋糕派餡 │ 材料

天然醱酵無鹽奶油	60g	低筋麵粉	25g	蔓越莓乾	80g
細砂糖	20g	杏仁粉	75g	蘭姆酒	20g
蛋黃	2 個	蛋白	2 個		
天然香草莢醬	2g	細砂糖	40g		

杏仁蔓越莓蛋糕派餡 │ 製作

❶ 無鹽奶油室溫回軟，加入細砂糖，用打蛋器攪勻，續入蛋黃攪勻，再加入香草莢醬攪勻。

❷ 篩入低筋麵粉，用刮刀拌勻，再加入杏仁粉拌勻。

❸ 以電動攪拌機高速打蛋白 30 秒，加入細砂糖打至濕性發泡 9 分發。打發蛋白分次拌入奶油餡至均勻。

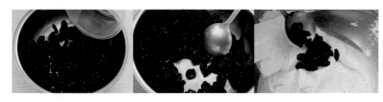

❹ 蔓越莓乾加蘭姆酒泡軟 15 分鐘，再加入麵糊中拌勻。

酥菠蘿 | 材料

高筋麵粉　　100g
無鹽奶油　　40g
細砂糖　　　60g

裝飾 | 材料

防潮糖粉　　適量

酥菠蘿 | 製作

❶ 高筋麵粉過篩在桌上，加入細砂糖稍拌，續入回軟無鹽奶油壓拌成糰。

❷ 用粗網篩，以手壓糰過篩成沙粒狀；放入冰箱冷凍備用。

組合 > 烤焙 > 裝飾

❶ 將杏仁蔓越莓蛋糕派餡160g填入派皮中。

❷ 上面撒上酥菠蘿 50g，以全火 180℃，烤焙 20 ～ 25 分鐘。

❸ 食用前撒上防潮糖粉，完成。

法式草莓派

份　　量　2 個
使用模具　SN5560 黑色活動菊花模

賞味建議　冷藏 3 天

│ 美式派皮 │ 材料

天然醱酵無鹽奶油	65g
鹽	1g
糖粉	35g
全蛋	25g
天然香草莢醬	1g
低筋麵粉	125g
奶粉	5g
融化白巧克力	適量

│ 美式派皮 │ 製作 > 烤焙

❶ 請參照第 22、23 頁「美式 / 台式派皮」製作 1 ～ 8。

❷ 放入預熱好的烤箱，以全火 180℃，烤焙 20 ～ 22 分鐘。

❸ 烤熟後出爐，取出紙及重石，放涼，刷上融化白巧克力備用。

│香草卡士達餡│材料

鮮奶	200g	玉米粉	20g
細砂糖	40g	天然醱酵無鹽奶油	20g
鹽	1g	打發鮮奶油香堤	140g
香草莢	1/2 根		
全蛋	40g		

│裝飾│材料

新鮮草莓	30 顆	鏡面果膠	40g
新鮮紅醋粟	1 串	蘭姆酒	10g
開心果（切碎）	15g		
新鮮薄荷葉	適量		

│香草卡士達餡│製作

❶ 香草莢從中間剖開，取出香草籽。加入鮮奶、細砂糖、鹽，上爐，煮到 60℃至糖溶化。

❷ 全蛋加入玉米粉，以打蛋器攪勻。

❸ 將作法 1 分二次倒入作法 2 中，以打蛋器攪勻，上爐煮滾後熄火，加入奶油攪拌至融化。

❹ 待煮好的內餡放涼後，與打發動物性鮮奶油混合攪勻，備用。

組合 > 裝飾

❶ 香草卡士達餡裝入擠花袋中，由中心往外擠入塔皮中，再擠一層，約與派皮同高，放入冰箱冷藏 1 小時。

❷ 鏡面果膠及蘭姆酒混合攪勻，備用。

❸ 將草莓洗淨，吸乾水份，對半切，裝飾於香草卡士達餡上。

草莓擺法 1：第一圈，白色剖面朝外斜放；第二圈，紅色面朝外斜放，中間擺放一顆完整的草莓。外圈草莓間以紅醋粟點綴，刷上果膠，擺放薄荷葉，完成。

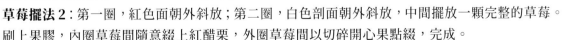

草莓擺法 2：第一圈，紅色面朝外斜放；第二圈，白色剖面朝外斜放，中間擺放一顆完整的草莓。刷上果膠，內圈草莓間隨意綴上紅醋粟，外圈草莓間以切碎開心果點綴，完成。

法式薄片蘋果派

份　　量　2 個　　　使用模具　SN5560 黑色活動菊花模

賞味建議　冷藏 3 天

法式派皮 │ 材料

低筋麵粉	140g
鹽	2g
細砂糖	5g
天然醱酵無鹽奶油 (冰硬)	70g
全蛋	35g
冰水	15g

蛋水

| 全蛋 | 1 顆 |
| 水 | 20g |

※ 全蛋與水混合備用

法式派皮 │ 製作 > 烤焙

請參照第 24 頁「法式派皮」製作 1 ～ 8

蘋果餡 │ 材料

新鮮紅蘋果	3 個
總統無鹽奶油	40g
砂糖或 (香草糖)	30g
細砂糖	10g

| 香草莢 | 1/4 根 |
| 新鮮檸檬汁 | 10g |

糖水

| 水 | 200g |
| 細砂糖 | 100g |

蘋果餡 │ 製作

❶ 蘋果去皮、去心，切半後切厚片，續切條，再切 1 公分小丁，浸泡糖水，瀝出。

❷ 切剖香草莢，取香草籽備用。

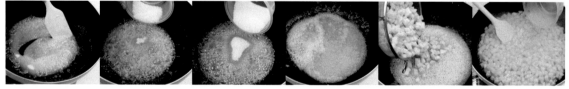

❸ 起鍋，入奶油、砂糖、細砂糖煮滾，續入香草籽、蘋果丁，煮至蘋果丁變色出水約 3 分鐘，再加入檸檬汁調味。

❹ 待蘋果丁變透明後，瀝出即可。

| 蜜蘋果片 | 材料

新鮮紅蘋果	1 顆
水	200g
細砂糖	100g
檸檬汁	少許

| 裝飾 | 材料

鏡面果膠	40g
蘭姆酒	10g
開心果（切碎）	5 顆

| 蜜蘋果片 | 製作

❶ 蘋果不去皮，置入去心器，轉出蘋果心，對切後再切成 0.2 公分薄片，並修掉中間的部份，呈平整狀。

❷ 將水、細砂糖、幾滴檸檬汁放入鍋中，再加入蘋果片煮 2 分鐘，濾乾備用。

組合 > 烤焙 > 裝飾

❶ 將烤好的派皮填入蘋果餡 120g，再以順時針的方式排上蜜蘋果片，中間放上花朵芯狀的蜜蘋果片。

❷ 以全火 190℃，烤焙 8 ～ 10 分鐘，出爐，放涼。

❸ 鏡面果膠、蘭姆酒混合後，刷在蘋果片上。

❹ 開心果碎撒在蘋果派上裝飾，完成。

德式櫻桃克萊芙堤

份　　量　2 個　　　　使用模具　SN5560 黑色活動菊花模

法式杏仁派皮 ┃ 材料

低筋麵粉	120g	蛋水	
鹽	1g	全蛋	1 顆
糖粉	40g	水	20g
杏仁粉	15g		
天然醱酵無鹽奶油 (冰硬)	60g	※ 全蛋與水混合備用	
全蛋	25g		

法式杏仁派皮 ┃ 製作 > 烤焙

請參照第 25 頁「法式杏仁派皮」製作 1 ～ 8

克萊芙堤餡 ┃ 材料

全蛋	50g	杏仁粉	10g	香草莢	1/4 根
蛋黃	1 顆	鮮奶	45g	細砂糖	40g
玉米粉	15g	動物性鮮奶油	60g		

克萊芙堤餡 ┃ 製作

  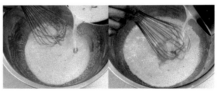

❶ 全蛋、蛋黃攪勻，玉米粉過篩後加入拌勻，再加入杏仁粉攪勻。

❷ 鮮奶、動物性鮮奶油放入鍋中，加入香草籽、細砂糖，用刮刀拌勻，加熱至 60℃。

❸ 分二次將作法 2 倒入蛋糊中，攪勻即可。

裝飾 ┃ 材料　　酒漬櫻桃　200g　┃　防潮糖粉　適量

組合 > 烤焙 > 裝飾

❶ 將烤好的派皮鋪上瀝乾的酒漬櫻桃，淋上克萊芙堤餡。入爐，以全火 180℃，烤焙 20 分鐘。

❷ 出爐放涼後，派上鋪紙，邊緣撒上一圈薄薄的防潮糖粉，完成。

法式布魯達魯洋梨派

賞味建議　冷藏 4 天

份　　量 2 個　　**使用模具** SN5560 黑色活動菊花模

法式杏仁派皮 ｜ 材料

低筋麵粉	120g
鹽	1g
糖粉	40g
杏仁粉	15g
天然釀酵無鹽奶油 (冰硬)	60g
全蛋	25g

法式杏仁派皮 ｜ 製作

❶ 請參照第 25 頁「法式杏仁派皮」製作 1 ～ 5。

❷ 以擀麵棍擀掉多餘的派皮。

杏仁派餡 ｜ 材料

無鹽奶油	70g
糖粉	60g
全蛋	2 顆
蘭姆酒	5g
低筋麵粉	15g
杏仁粉	60g

杏仁派餡 ｜ 製作

❶ 將無鹽奶油放室溫回軟後，用電動打蛋器快速打 1 分鐘。

❷ 糖粉過篩後加入拌勻，再用電動打蛋器快速打 1 分鐘。

❸ 分次加入全蛋與蘭姆酒，快速打發 1 分鐘。

❹ 篩入低筋麵粉拌勻，最後加入杏仁粉拌勻即可。

裝飾 ｜ 材料

小洋梨	8 顆	鏡面果膠	40g	防潮糖粉	適量
生杏仁片	20g	蘭姆酒	10g	新鮮薄荷葉	適量

組合 > 烤焙 > 裝飾

❶ 將杏仁餡 120g 填入派皮中，抹平。

❷ 小洋梨先切半，每半邊切 12 ～ 15 刀成 0.2 公分薄片，斜推切好的洋梨。

❸ 將小洋梨移至派上，空白邊緣處撒上生杏仁片，在杏仁片上噴水。入爐，開氣門，以全火 180℃，烤焙 25 ～ 30 分鐘。

❹ 鏡面果膠及蘭姆酒調勻，趁熱刷在出爐後的派上。

❺ 撒上防潮糖粉，放上薄荷葉，完成。

奇異果哈蜜瓜果凍派

份　　量　2 個　　使用模具　SN5560 黑色活動菊花模

| 美式派皮 | 材料

天然醱酵無鹽奶油	65g
鹽	1g
糖粉	35g
全蛋	25g
天然香草莢醬	1g
低筋麵粉	125g
奶粉	5g

融化白巧克力　　適量

| 美式派皮 | 製作 > 烤焙

❶ 請參照第 22、23 頁「美式 / 台式派皮」製作 1 ～ 8。

❷ 放入預熱好的烤箱，以全火 180℃，烤焙 20 ～ 25 分鐘。出爐，取出紙及重石，放涼後，在表面刷上一層融化白巧克力，備用。

| 奇異果慕斯餡 | 材料

鮮奶	50g	奇異果 (熟透)	50g	動物性鮮奶油	100g
薄荷葉	10g	瑪士卡彭起司	50g		
細砂糖	70g	吉利丁片	3 片		

| 奇異果慕斯餡 | 製作

❶ 薄荷葉洗淨，放入均質機攪打，再放入鮮奶中，上爐煮滾，熄火，將薄荷葉濾出。

❷ 細砂糖加入鮮奶中，趁熱攪拌至糖溶化，再加入瑪士卡彭起司攪勻。

❸ 吉利丁片剪開泡冰開水，泡軟，擠乾水份，加入作法 2 拌勻。

❹ 奇異果去皮打成泥，加入作法 3，隔冰水降溫攪勻。

❺ 動物性鮮奶油打至 8 分發，加入慕斯中拌勻即可。

| 果凍液 | 材料

蒟蒻果凍粉	10g
細砂糖	25g
寒天粉	1g
熱開水	240g

| 果凍液 | 製作

將蒟蒻果凍粉、細砂糖、寒天粉一同混合拌勻，再慢慢撒入熱開水中攪勻即可。

| 裝飾 | 材料

打發鮮奶油	50g	新鮮哈蜜瓜	200g	新鮮奇異果	1 顆

組合 > 裝飾

❶ 將奇異果慕斯 130g 填入派皮中，抹平，放入冰箱冷藏 1 小時。

❷ 冷藏完成後取出，以打發鮮奶油在派的邊緣裝飾奶油花。

❸ 哈蜜瓜及奇異果切小丁，鋪在派上。

❹ 以湯匙撈取果凍液，輕輕的淋在哈蜜瓜丁及奇異果丁上，放入冰箱冷藏，完成。

鳳梨蘋果雙皮派

生皮熟餡

賞味建議　冷藏 4 天

份　　量　2 個　　　使用模具　SN5560 黑色活動菊花模

美式派皮 │ 材料

天然醱酵無鹽奶油	115g
鹽	2g
糖粉	60g
全蛋	45g
天然香草莢醬	2g
低筋麵粉	225g
奶粉	10g

美式派皮

❶ 請參照第 22、23 頁「美式 / 台式派皮」製作 1 ～ 4。

❷ 做好的派皮從冰箱取出，分成二份，每份分成二糰，將其中一糰放在剪開的塑膠袋上，擀開至厚度約 0.3 公分，修圓，派皮大小比模略大。

❸ 派皮入模，手指推壓底部，側推花邊，取出塑膠袋。

❹ 用刀修掉多餘派皮，或以擀麵棍擀掉多餘派皮。

❺ 另一糰派皮擀平，以輪刀切成寬 1.5 公分的長條備用。

| 鳳梨蘋果派餡 | 材料

水	40g	細砂糖	50g	鳳梨片	100g
玉米粉	20g	鹽	1g	葡萄乾	30g
鳳梨汁	95g	新鮮富士蘋果	100g	蘭姆酒	10g

| 鳳梨蘋果派餡 | 製作

❶ 葡萄乾泡蘭姆酒至膨脹後，瀝乾備用；富士蘋果、鳳梨片切小丁備用。

  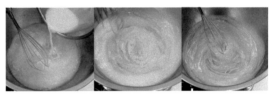

❷ 水和玉米粉調勻。　❸ 取一鋼盆，放入鳳梨汁、細砂糖、鹽，混合攪勻，上爐煮滾。　❹ 將玉米粉水慢慢分次加入作法 3 中，拌勻成濃稠醬汁，熄火。

❺ 續入蘋果丁及鳳梨丁略拌，再加入泡好的葡萄乾拌勻即可。

| 裝飾 | 材料

蛋水

全蛋	1 顆
水	20g

※ 全蛋與水混合備用

組合 > 裝飾 > 烤焙

❶ 將鳳梨蘋果派餡 200g 填入派皮中。

❷ 再將切成長條的派皮以交叉的方式裝飾於表面，刷上蛋水。

❸ 入爐，以全火 180℃，烤焙 20 分鐘後調頭，續烤 5 ～ 10 分鐘，出爐，完成。

瑪士卡彭葡萄派

賞味建議　冷藏 4 天

份　　量 2 個　　使用模具 SN5560 黑色活動菊花模

｜法式杏仁派皮｜材料

低筋麵粉	120g
鹽	1g
糖粉	40g
杏仁粉	15g
天然醱酵無鹽奶油 (冰硬)	60g
全蛋	25g
融化白巧克力	適量

｜法式杏仁派皮｜製作 > 烤焙

❶ 請參照第 25 頁「法式杏仁派皮」製作 1 ～ 7。

❷ 放入預熱好的烤箱，以全火 180℃，烤焙 20 ～ 25 分鐘。

❸ 烤熟後出爐，取出紙及重石，放涼，在表面刷上一層融化白巧克力，備用。

｜瑪士卡彭青葡萄慕斯餡｜材料

吉利丁片	3 片	細砂糖	30g	動物性鮮奶油	120g
新鮮青葡萄	80g	瑪士卡彭起司	30g		

｜瑪士卡彭青葡萄慕斯餡｜製作

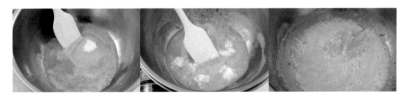

❶ 吉利丁片泡冰開水，擠乾水份，備用。

❷ 青葡萄打成果泥，加入細砂糖拌勻，續入瑪士卡彭起司，隔水加熱融化。再加入泡軟的吉利丁片，攪勻至融化後，隔冰水降溫。

❸ 鮮奶油隔冰水打至 8 分發，分二次與慕斯糊拌勻即可。

｜裝飾｜材料

打發鮮奶油	適量
新鮮青葡萄	20 顆
新鮮藍莓	30 顆
塑巧小花	15 朵

組合 > 裝飾

❶ 青葡萄切半備用。

❷ 將瑪士卡彭青葡萄慕斯餡 120g 填入派皮中，抹平，放入冰箱冷藏 1 小時。

❸ 冷藏後取出，在餡上擠一圈打發鮮奶油。

❹ 擺上切半青葡萄、藍莓、塑巧小花裝飾，完成。

（熟皮熟餡）

藍莓優格水果派

份　　量 2 個　　**使用模具** SN5560 黑色活動菊花模

｜法式杏仁派皮｜材料

低筋麵粉	120g
鹽	1g
糖粉	40g
杏仁粉	15g
天然釀酵無鹽奶油(冰硬)	60g
全蛋	25g
融化白巧克力	適量

｜法式杏仁派皮｜製作 > 烤焙

❶ 請參照第 25 頁「法式杏仁派皮」製作 1～7。

❷ 放入預熱好的烤箱，以全火 180℃，烤焙 20 分鐘。

❸ 烤熟後出爐，取出紙及重石，放涼，刷上融化白巧力備用。

藍莓慕斯餡 | 材料

吉利丁粉	8g	頂級藍莓果醬	65g	動物性鮮奶油	140g
冷開水	40g	檸檬汁	10g		
鮮奶	60g	蘭姆酒	10g		

藍莓慕斯餡 | 製作

 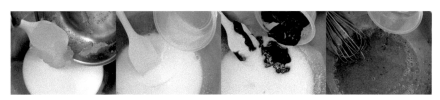

❶ 吉利丁粉、冷開水混合攪勻，靜置約 5 分鐘至吉利丁膨脹。

❷ 將鮮奶煮到 60℃後，熄火。加入膨脹後的吉利丁粉、檸檬汁、藍莓果醬及蘭姆酒攪勻，降溫至 10℃。

❸ 動物性鮮奶油打至 7 ～ 8 分發，加入作法 2 中拌勻。

優格奶凍球餡 | 材料

鮮奶	200g
原味優格	140g
細砂糖	35g
果凍粉	10g

優格奶凍球餡 | 製作

❶ 鮮奶、原味優格放入鍋中。

❷ 細砂糖及果凍粉混合均勻後，加入鮮奶優格中攪勻，煮滾、熄火。

❸ 稍微降溫後，倒入球形模，放入冰箱冷凍 1 小時。

❹ 冷凍完成後取出，脫模備用。

裝飾 | 材料　　　新鮮藍莓　　30 顆　│　新鮮薄荷葉　　適量

組合 > 裝飾

❶ 將藍莓慕斯餡 110g 填入派皮中，放入冰箱冷藏 1 小時。

❷ 冷藏完成後取出，把優格奶凍球鋪滿於餡上，鑲上藍莓果粒，最後放上薄荷葉，完成。

甜桃派

份　　量　2 個

使用模具　SN5560 黑色活動菊花模

賞味建議　冷藏 3 天

法式杏仁派皮 ┃ 材料

低筋麵粉	120g
鹽	1g
糖粉	40g
杏仁粉	15g
天然醱酵無鹽奶油 (冰硬)	60g
全蛋	25g
融化白巧克力	適量

法式杏仁派皮 ┃ 製作 > 烤焙

❶ 請參照第 25 頁「法式杏仁派皮」製作 1 ～ 7。

❷ 放入預熱好的烤箱,以全火 180℃,烤焙 20 ～ 25 分鐘。

❸ 烤熟後出爐,取出紙及重石,放涼,刷上融化白巧力備用。

| 甜桃卡士達餡 | 材料

蛋黃	2 顆	新鮮甜桃	85g
玉米粉	10g	水蜜桃酒	10g
鮮奶	65g	(或白色蘭姆酒 BAKARDI)	
細砂糖	40g	鮮奶油香堤	100g

| 甜桃卡士達餡 | 製作

❶ 甜桃去籽,以調理機打成果泥。

❷ 取一鋼盆,放入蛋黃及玉米粉,用打蛋器攪勻。

❸ 另取一鋼盆,加入鮮奶及細砂糖,煮至 60℃,熄火,分次加入蛋黃中攪勻。

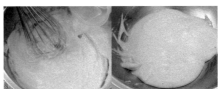

❹ 續入甜桃果泥,上爐煮滾,邊煮邊攪至濃稠,熄火。

❺ 加入水蜜桃酒拌勻,增添香氣,蓋上保鮮膜(保鮮膜貼著餡),放涼。

❻ 待涼後,加入鮮奶油香堤拌勻即可。

| 裝飾 | 材料

新鮮甜桃	3 顆	新鮮藍莓	30 顆	新鮮薄荷葉	適量

組合 > 裝飾

❶ 將甜桃卡士達餡 140g 填入派皮中,抹平,放入冰箱冷藏 1 小時。

❷ 冷藏完成後取出,甜桃部份去皮、部份不去皮,切塊後放在餡上裝飾,隨意撒上藍莓,最後放上薄荷葉,完成。

香草卡士達鮮果派

份　　量　2 個　　　　使用模具　SN5560 黑色活動菊花模

| 法式杏仁派皮 | 材料

低筋麵粉	120g	天然釀酵無鹽奶油 (冰硬)	60g
鹽	1g	全蛋	25g
糖粉	40g		
杏仁粉	15g	融化白巧克力	適量

| 法式杏仁派皮 | 製作 > 烤焙

❶ 請參照第 25 頁「法式杏仁派皮」製作 1 ～ 7。

❷ 放入預熱好的烤箱，以全火 180℃，烤焙 20 ～ 25 分鐘。

❸ 烤熟後出爐，取出紙及重石，放涼，刷上融化白巧力備用。

| 奶油蛋黃卡士達香堤餡 | 材料

蛋黃	40g	鮮奶①	40g	香草莢	1/2 根
玉米粉	10g	鮮奶②	130g	天然釀酵無鹽奶油	15g
低筋麵粉	10g	細砂糖	30g	鮮奶油香堤	100g

| 奶油蛋黃卡士達香堤餡 | 製作

❶ 取一鋼盆，放入蛋黃、玉米粉及低筋麵粉一同攪勻，加入鮮奶①稀釋。

❷ 另取一鋼盆，加入鮮奶②、細砂糖及取出的香草籽拌勻。

❸ 鮮奶煮至 60℃後熄火，分次加入作法 1 攪勻，邊加邊攪拌；再上爐煮滾，邊煮邊攪拌煮至濃稠後，熄火。

❹ 續入無鹽奶油攪勻，蓋上保鮮膜（保鮮膜貼著餡），放涼。

❺ 放涼後，撕開保鮮膜，攪拌一下，再加入鮮奶油香堤，拌勻即可。

| 鮮果餡 | 材料

新鮮奇異果	1 顆
水蜜桃	2 顆
新鮮草莓	10 顆
新鮮小洋梨	3 顆
新鮮藍莓	30 顆
鏡面果膠	40g
蘭姆酒	5g

| 鮮果餡 | 製作

❶ 奇異果、水蜜桃、草莓、小洋梨切丁，與藍莓一同倒入鋼盆。

❷ 鏡面果膠及蘭姆酒混合後倒入，以湯匙拌勻即可（動作輕不碰壞水果）。

| 裝飾 | 材料　　　新鮮紅醋栗　　　2 串

組合 > 裝飾

❶ 將奶油蛋黃卡士達香堤餡 150g 填入派皮中，放入冰箱冷藏 1 小時。

❷ 冷藏完成後取出，把鮮果餡放於派餡上，綴上一串紅醋栗，完成。

錫蘭白葡萄派

份　　量　2 個

使用模具　SN5560 黑色活動菊花模

賞味建議　冷藏 3 天

美式派皮 ｜ 材料

天然醱酵無鹽奶油	65g
鹽	1g
糖粉	35g
全蛋	25g
天然香草莢醬	1g

低筋麵粉	125g
奶粉	5g
融化白巧克力	適量

美式派皮 ｜ 製作 > 烤焙

❶ 請參照第 22、23 頁「美式 / 台式派皮」製作 1 ～ 8。

❷ 放入預熱好的烤箱，以全火 180℃，烤焙 20 ～ 25 分鐘。

❸ 烤熟後出爐，取出紙及重石，放涼，刷上融化白巧力備用。

錫蘭慕斯餡 ｜ 材料

熱開水	120g	細砂糖	30g	白薄荷香甜酒	10g
錫蘭紅茶粉	6g	吉利丁片	4 片	動物性鮮奶油	120g

錫蘭慕斯餡 ｜ 製作

 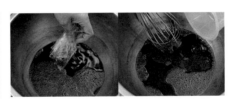 

❶ 吉利丁片放入冰開水泡軟，擠乾水份備用。

❷ 熱開水中加入錫蘭紅茶粉攪勻，再加入細砂糖拌至糖溶化，熄火。

❸ 續入泡軟的吉利丁片攪至融化，再加入白薄荷香甜酒拌勻，降溫備用。

❹ 動物性鮮奶油打至 8 分發，與降溫後的錫蘭餡拌勻即可。

裝飾 ｜ 材料

新鮮草莓	8 顆	新鮮藍莓	15 顆	插卡	2 張
新鮮青葡萄	30 顆	新鮮紅醋栗	1 串		

組合 > 裝飾

❶ 將錫蘭慕斯餡 120g 填入派皮中，抹平，放入冰箱冷藏 1 小時。

❷ 冷藏完成後取出，擺放草莓、切半的青葡萄，點綴藍莓、紅醋栗，最後放上插卡，完成。

百香果派

份　量　2 個
使用模具　SN5560 黑色活動菊花模

賞味建議　冷藏 3 天

| 美式派皮 | 材料

天然醱酵無鹽奶油	65g	低筋麵粉	125g
鹽	1g	奶粉	5g
糖粉	35g		
全蛋	25g	融化白巧克力	適量
天然香草莢醬	1g		

| 美式派皮 | 製作 > 烤焙

❶ 請參照第 22、23 頁「美式 / 台式派皮」製作 1 ～ 8。

❷ 放入預熱好的烤箱，以全火 180℃，烤焙 20 ～ 25 分鐘。

❸ 烤熟後出爐，取出紙及重石，放涼，刷上融化白巧力備用。

| 百香果慕斯餡 | 材料　　| 裝飾 | 材料

百香果	100g	新鮮草莓	5 顆	新鮮藍莓	10 顆
動物性鮮奶油①	60g	新鮮覆盆子	10 顆	新鮮紅醋栗	2 串
蛋黃	50g	新鮮黑莓	10 顆	新鮮青葡萄	5 顆
吉利丁片	2 片	新鮮恐龍蛋	1 顆		
細砂糖	25g	新鮮百香果	1 顆		
動物性鮮奶油②	100g	新鮮無花果	2 顆		

| 百香果慕斯餡 | 製作

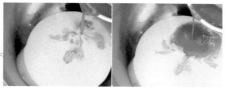
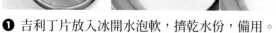

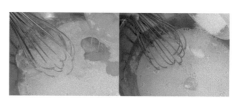

❶ 吉利丁片放入冰開水泡軟，擠乾水份，備用。

❷ 將百香果去籽後，加入動物性鮮奶油①一起加熱。

❸ 續入蛋黃攪勻，再加入細砂糖攪拌，加熱至 60℃。

❹ 鍋中放入泡軟的吉利丁片，拌勻融化後，馬上熄火降溫。

❺ 將動物性鮮奶油②打發，分次拌入百香果糊中即可。

組合 > 裝飾

❶ 將百香果慕斯餡 120g 填入派皮中，抹平，放入冰箱冷藏 1 小時。

❷ 冷藏後取出，擺放整顆草莓、切半的草莓、覆盆子、黑莓、切片的恐龍蛋、切塊的百香果、無花果、藍莓、紅醋栗及切半的青葡萄，完成。

白天使巧克力派

賞味建議 冷藏 4 天

份　　量 2 個　　**使用模具** SN5560 黑色活動菊花模

| 法式杏仁派皮 | 材料

低筋麵粉	120g	天然醱酵無鹽奶油 (冰硬)	60g
鹽	1g	全蛋	25g
糖粉	40g		
杏仁粉	15g	融化白巧克力	適量

| 法式杏仁派皮 | 製作 > 烤焙

❶ 請參照第 25 頁「法式杏仁派皮」製作 1 ～ 7。

❷ 放入預熱好的烤箱，以全火 180℃，烤焙 20 ～ 25 分鐘。

❸ 烤熟後出爐，取出紙及重石，放涼，刷上融化白巧克力備用。

| 白巧克力慕斯餡 | 材料

白巧克力	100g
動物性鮮奶油①	50g
細砂糖	3g
吉利丁片	2 片
BAKARDI 白色蘭姆酒	5g
動物性鮮奶油②	150g

| 裝飾 | 材料

打發鮮奶油香堤	100g
新鮮覆盆子	15 顆
裝飾弧形巧克力	適量
防潮糖粉	30g
插卡	2 張

| 白巧克力慕斯餡 | 製作

❶ 吉利丁片放入冰開水泡軟，擠乾水份備用。

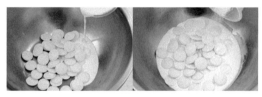

❷ 取一鋼盆，將白巧克力、動物性鮮奶油①、細砂糖混合，一起上爐隔水加熱至巧克力融化，離開熱水。（不可超過 40℃）

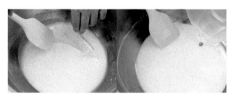

❸ 加入泡軟的吉利丁片拌至融化，再加入白色蘭姆酒拌勻，降溫。

❹ 動物性鮮奶油② 打至 8 分發，與降溫後的白巧克力餡拌勻。

組合 > 裝飾

❶ 將白巧克力慕斯餡 140g 填入派皮中，抹平，放入冰箱冷藏 1 小時。

❷ 打發鮮奶油香堤，用 880 花嘴在派面上擠上花紋。

❸ 放上覆盆子、裝飾弧形巧克力，撒上防潮糖粉，最後放上插卡，完成。

美式紅櫻桃起司蛋糕派

VCR 示範

賞味建議　冷藏 4 天

份　　量　2 個　　使用模具　15 公分慕斯框（6 吋）

｜美式餅乾底派皮｜材料

消化餅乾　　120g　｜　細砂糖　　20g　｜　天然醱酵無鹽奶油　80g　｜　融化白巧克力　適量

｜美式餅乾底派皮｜製作

❶ 將消化餅乾裝入塑膠袋中，用擀麵棍將消化餅乾打碎，取出。

❷ 奶油隔水加熱至融化後，加入細砂糖，倒入餅乾屑，拌勻，分成二份，用湯匙匙背壓扁入模，每模 100g。

❸ 放入冰箱冷凍 1 小時後，脫模，刷上融化白巧克力備用。

｜乳酪慕斯餡｜材料

吉利丁	1.5 片	檸檬汁	20g
奶油乳酪	115g	動物性鮮奶油①	50g
細砂糖	20g	動物性鮮奶油②	90g

｜裝飾｜材料

紅櫻桃果醬	120g
打發鮮奶油	150g

｜乳酪慕斯餡｜製作

❶ 吉利丁片放入冰開水泡軟，擠乾水份備用。

❷ 動物性鮮奶油①、奶油乳酪、細砂糖混合，一同隔水加熱至乳酪融化，離開熱水，加入檸檬汁攪勻。

❸ 續入泡軟的吉利丁片拌至融化，降溫。

❹ 動物性鮮奶油②打到 8 分發，與降溫好的乳酪餡拌勻及可。

組合 > 裝飾

❶ 餅乾底圍上圍邊，套上慕斯圈，填入乳酪餡 180g，放入冰箱冷藏 1 小時後取出。

❷ 取出慕斯圈，擠一圈鮮奶油花邊，中間鋪上紅櫻桃果醬，完成。

藍莓芭娜娜香堤慕斯派

份　　量　2 個　　使用模具　15 公分圓框模 (6 吋)

賞味建議　冷藏 3 天

│法式巧克力派皮│材料

低筋麵粉	110g	全蛋	40g
法芙娜 100% 純可可粉	15g	冰水	20g
鹽	2g		
細砂糖	5g	融化黑巧克力	適量
天然釀酵無鹽奶油 (冰硬)	65g		

│法式巧克力派皮│製作 > 烤焙

❶ 請參照第 26 頁「法式巧克力派皮」製作 1 ～ 7。

❷ 放入預熱好的烤箱，以全火 180℃，烤焙 20 ～ 22 分鐘。

❸ 烤熟後出爐，取出紙及重石放涼，在表面刷上一層融化黑巧克力，備用。

│藍莓慕斯餡│材料

吉利丁粉	8g	鮮奶	60g	蘭姆酒	10g	動物性鮮奶油	140g
冷開水	40g	檸檬汁	10g	頂級藍莓果醬	65g		

│藍莓慕斯餡│製作

❶ 吉利丁粉、冷開水混合攪勻，靜置約 5 分鐘至吉利丁膨脹。

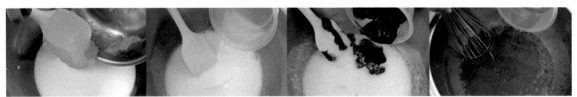

❷ 鮮奶上爐煮到 60℃，熄火，加入膨脹後的吉利丁粉、檸檬汁、藍莓果醬及蘭姆酒攪勻，降溫至 10℃。

❸ 動物性鮮奶油打至 7 ～ 8 分發，加入作法 2 中拌勻。

┃裝飾┃材料

新鮮藍莓	600g	打發鮮奶油香堤	200g	新鮮紅醋栗	1串
新鮮香蕉	2根	藍莓慕斯餡	100g	插卡	2張

組合 > 裝飾

❶ 將藍莓慕斯餡 110g 填入派皮中，抹平，放入冰箱冷藏 1 小時。

❷ 冷藏完成後取出，在慕斯邊緣排上一圈藍莓，中間鋪上切片香蕉，擠上奶油香堤，再擠上藍莓慕斯，上面再排上藍莓顆粒，點綴幾顆紅醋栗，放上插卡。放入冰箱冷藏 30 分鐘定型，完成。

岩石酥餅榛果巧克力派

份　　量　2個

使用模具　15公分圓框模（6吋）

1 │ 法式巧克力派皮 │ 材料

低筋麵粉	110g	天然醱酵無鹽奶油(冰硬)	65g
法芙娜 100% 純可可粉	15g	全蛋	40g
鹽	2g	冰水	20g
細砂糖	5g		

│ 法式巧克力派皮 │ 製作

❶ 請參照第 26 頁「法式巧克力派皮」製作 1 ～ 3。

❷ 將做好的派皮麵糰擀開至厚度約 0.3 公分，壓入 15 公分圓框模，修邊。

2 │ 奶油巧克力榛果蛋糕派餡 │ 材料

天然醱酵無鹽奶油	90g	蘭姆酒	10g	榛果粉	60g
糖粉	75g	低筋麵粉	15g		
全蛋	75g	可可粉	15g		

│ 奶油巧克力榛果蛋糕派餡 │ 製作 > 組合 > 烤焙

❶ 無鹽奶油放室溫回軟，以電動打蛋器快速打 1 分鐘。

❷ 糖粉過篩後加入拌勻，用電動打蛋器快速打 1 分鐘。

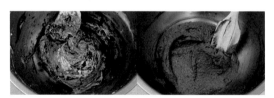

❸ 分次加入全蛋，快速打 1 分鐘，加入蘭姆酒拌勻。

❹ 低筋麵粉及可可粉混合後過篩加入拌勻，再加入榛果粉拌勻即可。

❺ 將奶油巧克力榛果蛋糕派餡 150g 填入派皮中，抹平；放入預熱好的烤箱，以全火 180℃，烤焙 30 分鐘後，放涼，脫模備用。

3 │ 岩石酥餅 │ 材料

消化餅乾	120g	細砂糖	20g	天然醱酵無鹽奶油	60g

│ 岩石酥餅 │ 製作

消化餅乾打碎備用。奶油隔水加熱融化，加入細砂糖拌勻，再加入餅乾碎拌勻，用手捏成小糰的餅乾糰，撒上防潮糖粉，放入冰箱冷凍 30 分鐘備用。

賞味建議　冷藏 4 天

4 ｜巧克力慕斯｜材料

苦甜巧克力	30g
動物性鮮奶油	30g
蛋黃	1 顆
吉利丁片	2 片
深色可可香甜酒	10g
打發動物性鮮奶油	60g

｜巧克力慕斯｜製作

❶ 苦甜巧克力與動物性鮮奶油一同隔水加熱至巧克力融化，拌勻，熄火。（冷水開始加熱，不要超過 40℃）

❷ 加入蛋黃攪拌均勻。

❸ 吉利丁片剪開泡冰開水，泡軟，擠乾水份，加入巧克力中拌至融化。

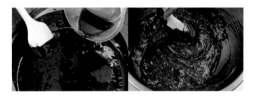

❹ 續入深色可可香甜酒拌勻，降溫。

❺ 動物性鮮奶油打發，分次拌入巧克力糊中，拌勻成巧克力慕斯糊，裝入擠花袋備用。

5 ｜裝飾｜材料　　組合 > 裝飾

防潮糖粉	適量
新鮮紅醋栗	1 串
金箔	少許

❶ 在放涼後的派上，從中間往外擠圓形線條巧克力慕斯60g。

❷ 派邊緣裝飾岩石餅乾，撒上防潮糖粉，放上一小串紅醋栗及少許金箔裝飾，完成。

巧克力花環堅果派

份　　量 2 個　　　**使用模具** 15 公分圓框模、7 公分圓框模

| 美式餅乾底派皮 | 材料

| 消化餅乾　120g | 細砂糖　20g | 天然醱酵無鹽奶油　80g | 融化黑巧克力　適量 |

| 美式餅乾底派皮 | 製作

❶ 將消化餅乾裝入塑膠袋中，用擀麵棍將消化餅乾打碎，取出。

❷ 奶油隔水加熱至融化後，加入細砂糖，倒入餅乾屑，拌勻，分成二份，用湯匙匙背填入二模中間，壓平。

❸ 放入冰箱冷凍 1 小時後，脫模，刷上融化黑巧克力備用。

| 巧克力慕斯 | 材料

| 苦甜巧克力　50g | 蛋黃　1 顆 | 深色可可香甜酒　10g |
| 動物性鮮奶油　50g | 吉利丁片　3 片 | 打發動物性鮮奶油 100g |

| 巧克力慕斯 | 製作　　　請參照第 69 頁「巧克力慕斯」製作

| 裝飾 | 材料

| 巧克力圓環片　1 片 | 裝飾巧克力片 10 片 | 烤熟夏威夷豆　50 顆 | 融化白巧克力　50g |

組合 > 裝飾

❶ 製作巧克力圓環片：在二模間填入融化的苦甜巧克力，待冷卻凝固，脫模備用。

❷ 擠花袋使用平口花嘴，將巧克力慕斯填入擠花袋中，在餅乾底上面擠出水滴狀的小圓球，繞 2 圈至擠滿餅乾底。

❸ 蓋上巧克力圓環片後，擠慕斯，放上裝飾巧克力片，水滴狀慕斯間塞入烤熟的夏威夷豆，在巧克力圓環片擠上融化的白巧克力，完成。

法式方型堅果派

份　　量　2 個
使用模具　15 公分方形模

賞味建議　室溫 3 天

| 美式派皮 | 材料

天然醱酵無鹽奶油	105g
鹽	2g
糖粉	55g
全蛋	40g
天然香草莢醬	2g
低筋麵粉	210g
奶粉	10g

| 美式派皮 | 製作

❶ 請參照第 22、23 頁「美式 / 台式派皮」製作 1 ～ 4。

❷ 將做好的派皮從冰箱取出，分成六糰，第一糰擀開至厚度約 0.3 公分，入直徑 15 公分方形模底部。

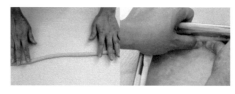

❸ 第二糰搓成長條，沿著模型推開成側面。

| 蜂蜜奶油堅果餡 | 材料

蜂蜜	50g	天然醱酵無鹽奶油	30g	烤熟胡桃	50g
動物性鮮奶油	40g	烤熟核桃	100g	烤熟杏仁豆	50g
細砂糖	50g	烤熟夏威夷豆	50g		

| 蜂蜜奶油堅果餡 | 製作

❶ 烤熟堅果放進鋼盆攪拌，備用。

❷ 蜂蜜、動物性鮮奶油、細砂糖倒入鍋中，煮至 121℃後熄火，加入無鹽奶油拌勻。

❸ 蜂蜜糖漿趁熱倒入烤熟堅果，拌勻即可。

堅果	適量	防潮糖粉	適量	**蛋水**	
				全蛋	1 顆
				水	20g

※ 全蛋與水混合備用

組合 > 烤焙 > 裝飾

❶ 將第三糰麵皮取 40g，搓長，長度約方形模的 2 倍長，對摺後切開，前端交疊成八字狀，兩辮相互交繞。

❷ 將蜂蜜奶油堅果餡 200g 填入派皮中，在模型四周塗上蛋水，放上辮子麵糰，輕壓；放入冰箱冷藏 1 小時後取出，再次塗上蛋水。

❸ 中間放上堅果裝飾，放入預熱好的烤箱，以全火 180℃，烤焙 25 ～ 30 分鐘。

❹ 出爐後放涼，脫模，撒上防潮糖粉，完成。

抹茶白巧克力草莓派

份　　量 2 個　　　**使用模具** SN5560 黑色活動菊花模

賞味建議　冷藏 3 天

法式杏仁派皮 | 材料

低筋麵粉	120g	天然醱酵無鹽奶油 (冰硬)	60g
鹽	1g	全蛋	25g
糖粉	40g		
杏仁粉	15g	融化白巧克力	適量

法式杏仁派皮 | 製作 > 烤焙

❶ 請參照第 25 頁「法式杏仁派皮」製作 1 ～ 7。

❷ 放入預熱好的烤箱，以全火 180℃，烤焙 20 ～ 25 分鐘。

❸ 烤熟後出爐，取出紙及重石，放涼，刷上融化白巧克力備用。

抹茶白巧克力慕斯餡 | 材料

白巧克力	100g	吉利丁片	2 片
動物性鮮奶油①	60g	白色蘭姆酒	10g
抹茶粉	10g	動物性鮮奶油②	120g
細砂糖	5g		

抹茶白巧克力慕斯餡 | 製作

  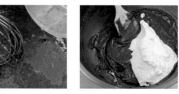

❶ 吉利丁片放入冰開水泡軟，擠乾水份備用。

❷ 動物性鮮奶油①、白巧克力放入鋼盆中隔水加熱到巧克力融化，加入抹茶粉拌勻，再加入細砂糖溶化後，鋼盆離開熱水。

❸ 續入泡軟的吉利丁片拌至融化，再加入白色蘭姆酒拌勻，降溫。

❹ 動物性鮮奶油②打到 8 分發，與降溫好的巧克力餡拌勻，裝入擠花袋備用。

抹茶鏡面 | 材料

動物性鮮奶油	85g
白巧克力	140g
抹茶粉	5g

抹茶鏡面 | 製作

將動物性鮮奶油加入白巧克力中，隔水加熱至融化，再加入抹茶粉攪勻即可。

| 裝飾 | 材料

打發鮮奶油 　100g　｜　新鮮草莓　10 顆　｜　新鮮奇異果　1 顆　｜　插卡　　2 張

組合 > 裝飾

❶ 將抹茶白巧克力慕斯餡 145g 填入派皮中，抹平，放入冰箱冷藏 1 小時。

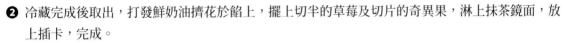

❷ 冷藏完成後取出，打發鮮奶油擠花於餡上，擺上切半的草莓及切片的奇異果，淋上抹茶鏡面，放上插卡，完成。

Part 2

鹹派

濃郁香氣的各式鹹派

有田園風格的松露野菇鹹派、亦有法式傳統的雞腿丁野菇鹹派
夏威夷海鮮起司鹹派、日式味噌鮭魚山藥鹹派
交織出熱情奔放的異國嘉年華！

法式雞腿丁野菇鹹派

賞味建議　現烤現吃較佳

份　　量 2個　　　**使用模具** SN5560 黑色活動菊花模

| 法式鹹派派皮 | 材料

中筋麵粉	140g
無水奶油（澄清奶油）	85g
鹽	3g

細砂糖	5g
冰水	35g

| 法式鹹派派皮 | 製作

請參照第 27 頁
「法式鹹派派皮」製作 1 ～ 6

| 白醬 | 材料

奶油	20g
低筋麵粉	20g
動物性鮮奶油	90g

| 白醬 | 製作

將奶油融化後，熄火，加入低筋麵粉炒香，再加入動物性鮮奶油煮成白醬，備用。

法式雞腿派餡｜材料

奶油	少許	三色蔬菜	30g	**醃料**		
洋蔥	1/3 個	黑橄欖	適量	巴西里鹽	3g	
雞腿肉	150g	粗黑胡椒粒	適量	粗黑胡椒粒	3g	
蘑菇	100g	巴西里鹽	適量	橄欖油	15g	
馬鈴薯（小）	1 個	細砂糖	少許	蛋白	1 顆	

裝飾｜材料

匹薩起司絲	80g
起司粉	適量

法式雞腿派餡｜製作

❶ 分別將洋蔥、雞腿肉、蘑菇、馬鈴薯切小丁。

❷ 將雞腿丁與醃料混合拌勻，醃製 20 分鐘。

❸ 熱鍋，將奶油融化，加入洋蔥炒香，續入雞腿丁炒到變色，再加入馬鈴薯炒熟，加入蘑菇炒軟。

❹ 續入三色蔬菜及黑橄欖炒一下，再加入白醬拌勻，最後放入粗黑胡椒粒、巴西里鹽、細砂糖拌勻（調味要略為重一點、鹹一點），略降溫備用。

組合 > 烤焙 > 裝飾

❶ 將法式雞腿派餡平均填入派皮中，鋪平，撒上起司絲。

❷ 放入預熱好的烤箱，以全火 190℃，烤焙 20 分鐘後，調頭，續烤 5 ～ 10 分鐘，顏色上色後出爐，撒上起司粉，完成。

德式帕瑪森香腸鹹派

份　　量 2 個　　　**使用模具** SN5560 黑色活動菊花模

賞味建議　現烤現吃較佳

｜法式鹹派派皮｜材料

中筋麵粉	140g	細砂糖	5g
無水奶油（澄清奶油）	85g	冰水	35g
鹽	3g		

｜法式鹹派派皮｜製作

請參照第 27 頁
「法式鹹派派皮」製作 1 ～ 6

｜德式香腸派餡｜材料

洋蔥	1/2 個	罐頭蕃茄	1 瓶	細砂糖	適量
蒜末	少許	橄欖油	少許	粗黑胡椒粒	適量
德式香腸	225g	紅椒粉	少許		
馬鈴薯（小）	1.5 個	紅椒鹽	適量		

｜裝飾｜材料

帕瑪森起司絲　80g

｜德式香腸派餡｜製作

❶ 將洋蔥、馬鈴薯切小丁，蒜頭切末，香腸切片，備用。

❷ 熱鍋，加入橄欖油，放入洋蔥及蒜末炒香，續入德式香腸，加入馬鈴薯炒熟，再加入蕃茄糊拌炒，加一點水，蓋上鍋蓋燜一下後，拌炒。

 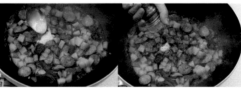

❸ 最後加入紅椒粉、紅椒鹽、細砂糖，粗黑胡椒粒炒均（調味要調的略為重一點、鹹一點），略降溫備用。

｜奶油糊｜材料

全蛋	2 顆
鮮奶	60g
粗黑胡椒粒	少許
紅椒鹽	少許

｜奶油糊｜製作

將全蛋、鮮奶、粗黑胡椒粒攪拌均勻後，加入紅椒鹽拌勻備用。

組合 > 烤焙

❶ 將德式香腸派餡平均填入派皮中，鋪平，淋上奶油糊，撒上帕瑪森起司絲。

❷ 放入預熱好的烤箱，以全火 180℃，烤焙 20 分鐘後，調頭，續烤 5 ～ 10 分鐘，顏色上色後出爐，完成。

龍蝦海鮮蘆筍起司派

份　　量　2 個　　　使用模具　SN5560 黑色活動菊花模

賞味建議　現烤現吃較佳

法式鹹派派皮│材料

中筋麵粉	140g	細砂糖	5g
無水奶油（澄清奶油）	85g	冰水	35g
鹽	3g		

法式鹹派派皮│製作

請參照第 27 頁

「法式鹹派派皮」製作 1 ～ 6

龍蝦海鮮派餡│材料

龍蝦	1 隻	橄欖油	少許
北海道干貝	6 顆	鹽之花	4g
蒜頭	5 顆	白酒	30g
杏鮑菇	200g	鹽	2g
細蘆筍	16 根	粗黑胡椒粒	10g

蛋奶醬汁│材料

全蛋	2 顆
動物性鮮奶油	20g
鮮奶	40g
鹽之花	少許

裝飾│材料

匹薩起司絲	80g
起司粉	適量

龍蝦海鮮派餡 | 製作

❶ 蘆荀長度修剪成派皮的半徑長。

❷ 干貝洗淨，橫向片開，以鹽之花及白酒醃一下。杏鮑菇切丁，蒜頭切片，備用。

❸ 剪開龍蝦腹部，用叉子取蝦肉，再剪開蝦鉗，去殼，取出蝦肉（正面看起來還是完整的）；將蝦肉切小塊，倒入白酒，加入粗黑胡椒粒醃一下。

 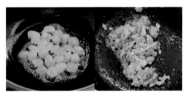 

❹ 以熱水加入少許橄欖油及鹽，川燙蘆荀備用。

❺ 另起油鍋，放入干貝，兩面各煎 30 秒，再加入龍蝦肉拌炒，盛起備用。（注意：醃用的水份不要下鍋。）

❻ 再起油鍋，炒香蒜片，加入杏鮑菇、白酒、鹽之花及粗黑胡椒粒拌勻，略降溫備用。

蛋奶醬汁 | 製作

全蛋和動物性鮮奶油拌勻，再加入鮮奶攪勻，撒上少許鹽之花拌勻，備用。

組合 > 烤焙 > 裝飾

 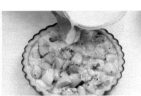  

❶ 將龍蝦海鮮派餡平均填入派皮中，鋪平，一模約 505g，淋上蛋奶醬汁，撒上起司絲，放上蘆荀。（注意蘆荀不要被起司絲遮蓋到）

❷ 放入預熱好的烤箱，以全火 190℃，烤焙 20 分鐘後，調頭，續烤 5～8 分鐘，出爐，撒上起司粉，完成。

燻雞青花椰蘑菇起司派

份　　量 2 個　　　　**使用模具** SN5560 黑色活動菊花模

│ 法式鹹派派皮 │ 材料

中筋麵粉	140g	細砂糖	5g
無水奶油（澄清奶油）	85g	冰水	35g
鹽	3g		

│ 法式鹹派派皮 │ 製作

請參照第 27 頁
「法式鹹派派皮」製作 1 ～ 6

│ 燻雞蘑菇派餡 │ 材料

青花椰菜	1 顆	蒜頭	5 顆	蛋奶醬汁	160g
蘑菇	40g	鹽	2g		
燻雞肉	200g	粗黑胡椒粒	10g		

※ 蛋奶醬汁製作
　 請參考第 83 頁

│ 裝飾 │ 材料

匹薩起司絲	80g

│ 燻雞蘑菇派餡 │ 製作

❶ 青花椰菜洗淨切小朵，蘑菇洗淨切片，蒜頭切片。

❷ 起油鍋，炒香切片蒜頭、燻雞肉，加入蘑菇、青花椰菜拌炒，最後加入鹽及粗黑胡椒粒拌勻，略降溫備用。

組合 > 烤焙

❶ 挑出燻雞蘑菇派餡的青花椰菜在派皮上繞排，將其餘派餡平均填入派皮中，鋪平，淋上蛋奶醬汁，撒上起司絲。

❷ 放入預熱好的烤箱，以全火 190℃，烤焙 20 分鐘後，調頭，續烤 5 ～ 8 分鐘，出爐，完成。

夏威夷海鮮起司鹹派

生皮生餡

賞味建議　現烤現吃較佳

份　　量　2 個　　　　使用模具　SN5560 黑色活動菊花模

法式鹹派派皮 | 材料

中筋麵粉	140g
無水奶油（澄清奶油）	85g
鹽	3g
細砂糖	5g
冰水	35g

法式鹹派派皮 | 製作

請參照第 27 頁

「法式鹹派派皮」製作 1 ～ 6

夏威夷派餡 | 材料

鮮蝦	20 隻
鯛魚	1 片
小章魚	20 隻
花枝	1/2 隻
蒜頭	5 顆
鹽	2g
白酒	20g
粗黑胡椒粒	10g

裝飾 | 材料

蟹肉棒	5 根
罐頭鳳梨片	4 片
耐烤乳酪丁	120g
蛋奶醬汁	160g
雙色起司絲	80g

※ 蛋奶醬汁製作
請參考第 83 頁

夏威夷派餡 | 製作

❶ 鮮蝦去殼，背部劃一刀，去泥腸；鯛魚片切小塊，花枝切小塊，小章魚洗淨，放入鋼盆中，以鹽和白酒醃製 10 分鐘。

❸ 起油鍋，炒香切片蒜頭，放入鮮蝦、鯛魚、花枝及小章魚拌炒至 8 分熟，淋入白酒，以鹽及粗黑胡椒粒調味，略降溫備用。

組合 > 烤焙

❶ 蟹肉棒、鳳梨切成小塊，備用。

❷ 將夏威夷派餡平均填入派皮中，鋪平，再擺放蟹肉塊、鳳梨塊及耐烤乳酪丁，淋上蛋奶醬汁，撒上起司絲。

❸ 放入預熱好的烤箱，以全火 190℃，烤焙 20 分鐘後，調頭，續烤5～8分鐘，出爐，完成。

義式瑪格麗特蕃茄鹹派

份　　量　2 個　　　使用模具　SN5560 黑色活動菊花模

| 法式鹹派派皮 | 材料

中筋麵粉	140g	細砂糖	5g
無水奶油（澄清奶油）	85g	冰水	35g
鹽	3g		

| 法式鹹派派皮 | 製作

請參照第 27 頁
「法式鹹派派皮」製作 1 ～ 6

| 蘑菇醬派餡 | 材料

奶油	適量	水	適量
洋蔥	半顆	蕃茄醬	80g
蘑菇	5 朵	細砂糖	20g
絞肉	300g	鹽	10g
馬鈴薯	1 顆	玉米粉水	適量
高湯	1 杯	九層塔	適量

| 裝飾 | 材料

新鮮紅蕃茄	1 顆
匹薩起司絲	80g
起司粉	適量
新鮮九層塔	適量

| 蘑菇醬派餡 | 製作

❶ 將洋蔥、馬鈴薯切小丁，蘑菇切片，備用。

❷ 奶油入鍋加熱至融化，依序放入洋蔥、蘑菇、絞肉、馬鈴薯炒至熟，加入高湯、水、蕃茄醬、細砂糖及鹽拌勻。

❸ 取小碗，調玉米粉水，加入鍋中攪拌，再加入九層塔拌勻，略降溫備用。

組合 > 烤焙 > 裝飾

❶ 蕃茄切片備用。

❷ 將蘑菇醬派餡平均填入派皮中，鋪平，放上蕃茄片，撒上起司絲。

❸ 放入預熱好的烤箱，以全火 190℃，烤焙 20 分鐘後，調頭，續烤 5 ～ 8 分鐘，出爐，撒上起司粉，綴上新鮮九層塔，完成。

生皮生餡

白蘭地櫻桃鴨鹹派

賞味建議 現烤現吃較佳

份　　量 2 個　　　**使用模具** SN5560 黑色活動菊花模

| 法式鹹派派皮 | 材料

中筋麵粉	140g		細砂糖	5g
無水奶油（澄清奶油）85g			冰水	35g
鹽	3g			

| 法式鹹派派皮 | 製作

請參照第 27 頁
「法式鹹派派皮」製作 1 ～ 6

｜紅酒醬｜材料

材料	份量
橄欖油	適量
洋蔥	半顆
高湯	200g
紅酒	200g
細砂糖	適量
鹽	適量
粗黑胡椒粒	適量

｜紅酒醬｜製作

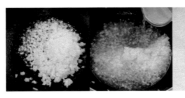

起鍋，倒入橄欖油，加入切碎的洋蔥炒軟，續入高湯，轉小火煮5分鐘後，熄火，倒入調理機中打成泥；再倒回鍋中，加入紅酒，熬煮10分鐘，最後加入細砂糖、鹽、粗黑胡椒粒調味。

｜櫻桃鴨胸派餡｜材料

材料	份量		材料	份量	醃料		調味料	
櫻桃鴨胸	1片		紅甜椒	半顆	鹽	適量	糖	適量
白蘭地	30g		黃甜椒	半顆	粗黑胡椒粒	適量	鹽	適量
橄欖油①	適量		柳橙	1顆	橄欖油②	少許	粗黑胡椒粒	適量
洋蔥	半顆							

｜櫻桃鴨胸派餡｜製作

❶ 洋蔥、紅甜椒、黃甜椒切小塊備用。

❷ 磨取柳橙皮末，與櫻桃鴨胸、醃料醃製20分鐘。

❸ 起鍋，倒入橄欖油①，放入醃製後的鴨胸，把皮煎香，淋上白蘭地，煎至6分熟後，取出，切斜刀片。

❹ 櫻桃鴨胸的醃料倒入鍋中，放入洋蔥、紅黃甜椒拌炒一下，加入鴨胸肉、紅酒醬及調味料拌勻，略降溫備用。

｜裝飾｜材料　　匹薩起司絲　80g　｜　粗黑胡椒粒　適量　｜　起司粉　適量

組合 > 烤焙 > 裝飾

❶ 將櫻桃鴨胸派餡平均填入派皮中，鋪平，撒上起司絲、粗黑胡椒粒。

❷ 放入預熱好的烤箱，以全火190℃，烤焙20分鐘後，調頭，續烤5～8分鐘，出爐，撒上起司粉，完成。

韓式泡菜燒肉鹹派

賞味建議　現烤現吃較佳

VCR 示範

份　　量　2 個　　　使用模具　SN5560 黑色活動菊花模

│法式鹹派派皮│材料

中筋麵粉	140g	細砂糖	5g
無水奶油（澄清奶油）	85g	冰水	35g
鹽	3g		

│法式鹹派派皮│製作

請參照第 27 頁

「法式鹹派派皮」製作 1 ～ 6

│韓式派餡│材料

豬梅花肉片	200g	韓國辣椒醬	30g	熟白芝麻	30g
甜不辣	50g	細砂糖	30g	香油	適量
豆皮	150g	醬油	20g	蔥花	少許
大蔥	70g	水	150g		
韓國辣椒粉	20g	韓式泡菜	100g		

│裝飾│材料

匹薩起司絲	80g
起司粉	適量

│韓式派餡│製作

❶ 甜不辣切小塊，豆皮切小條狀，大蔥切圓片，備用。

❷ 起鍋，倒入香油，加入豬肉片炒至半熟，再加入甜不辣、豆皮、大蔥炒熟，續入辣椒粉、辣椒醬、細砂糖、醬油及水炒至均勻；待水份收乾後，加入泡菜、熟白芝麻、蔥花拌勻，略降溫備用。

組合 > 烤焙 > 裝飾

❶ 將韓式派餡平均填入派皮中，鋪平，撒上起司絲。

❷ 放入預熱好的烤箱，以全火 190℃，烤焙 20 分鐘後，調頭，續烤 5 ～ 8 分鐘，出爐，撒上起司粉，完成。

田園風松露野菇鹹派 （奶素）

份　　量　2 個　　　使用模具　SN5560 黑色活動菊花模

賞味建議　現烤現吃較佳

| 法式鹹派派皮 | 材料

中筋麵粉	140g	細砂糖	5g
無水奶油（澄清奶油）	85g	冰水	35g
鹽	3g		

| 法式鹹派派皮 | 製作

請參照第 27 頁
「法式鹹派派皮」製作 1 ～ 6

| 西班牙鹹派餡 | 材料

橄欖油①	適量	美白菇	100g	粗黑胡椒粒	適量
鮮香菇	100g	白精靈菇	100g	玫瑰鹽	適量
杏鮑菇	100g	橄欖油②	適量	松露醬	適量
柳松菇	100g	細砂糖	適量		

| 裝飾 | 材料

匹薩起司絲	80g
起司粉	適量

| 西班牙鹹派餡 | 製作

起鍋，倒入橄欖油①，加入鮮香菇、杏鮑菇、柳松菇、美白菇、白精靈菇炒熟，再加入橄欖油②、細砂糖、粗黑胡椒粒、玫瑰鹽、松露醬調味；待水份收乾，略降溫備用。

組合 > 烤焙 > 裝飾

❶ 將西班牙鹹派餡平均填入派皮中，鋪平，撒上起司絲。

❷ 放入預熱好的烤箱，以全火 190℃，烤焙 20 分鐘後，調頭，續烤 5 ～ 8 分鐘，出爐，撒上起司粉，完成。

日式味噌鮭魚山藥鹹派

賞味建議　現烤現吃較佳

份　　量　2 個　　　　使用模具　SN5560 黑色活動菊花模

| 法式鹹派派皮 | 材料

中筋麵粉	140g	細砂糖	5g
無水奶油（澄清奶油）	85g	冰水	35g
鹽	3g		

| 法式鹹派派皮 | 製作

請參照第 27 頁
「法式鹹派派皮」製作 1 ～ 6

| 日式鮭魚派餡 | 材料

鮮鮭魚	1 片	日本山藥	1 支
味噌	60g	耐烤乳酪丁	200g
二砂糖	30g	鰹魚香鬆	1 瓶
水	60g		

| 裝飾 | 材料

匹薩起司絲	100g

| 日式鮭魚派餡 | 製作

❶ 味噌、二砂糖、水混合攪勻，放入鮭魚醃製 20 分鐘。

❷ 山藥切小丁，先泡水瀝乾。再將山藥丁、耐烤乳酪丁加入鰹魚香鬆調味，拌勻。

❸ 將醃好的鮭魚放入烤箱中，以全火 200℃烤熟。放涼後，去皮、去魚刺，切成小塊，與作法 2 拌勻即可。

組合 > 烤焙

❶ 將日式鮭魚派餡平均填入派皮中，鋪平，撒上起司絲。

❷ 放入預熱好的烤箱，以全火 190℃，烤焙 20 分鐘後，調頭，續烤 5～8 分鐘，出爐，完成。

精緻小巧的塔類甜點
無論是清爽可口的水果
濃郁的巧克力或是口感酥脆的堅果都能輕鬆駕馭
不需奢華、浮誇的綴飾
手輕輕一揮
如同魔法一般可愛又迷人的塔類就完成了

Part 3

小塔

夏威夷豆塔

份　量　20 個
使用模具　26/14 圓形鋁箔模

賞味建議　室溫一星期

| 美式塔皮 | 材料

天然醱酵無鹽奶油	65g
鹽	1g
糖粉	35g
全蛋	25g
天然香草莢醬	1g
低筋麵粉	125g
奶粉	5g

蛋水 ※ 全蛋與水混合備用
全蛋	1 顆
水	20g

| 美式塔皮 | 製作 > 烤焙

❶ 麵糰製作請參照第 22、23 頁「美式/台式派皮」製作1～4。

❷ 將做好的塔皮從冰箱取出，分割每個 12g，入模，修邊，再用叉子於底部戳孔。

❸ 放入預熱好的烤箱，以全火 170℃，烤焙15～18分鐘至熟，出爐放涼，刷蛋水備用。

| 夏威夷豆塔餡 | 材料

夏威夷豆	270g	蔓越莓乾	50g	**糖漿**	
南瓜子	35g	天然醱酵無鹽奶油	35g	蜂蜜	45g
				細砂糖	45g
				動物性鮮奶油	35g

| 夏威夷豆塔餡 | 製作

❶ 夏威夷豆及南瓜子先用 120℃烤熟，放涼；使用前放入烤箱，以 100℃保溫備用。

❷ 起鍋，倒入糖漿材料，煮至 121℃後熄火，續入奶油攪拌至融化。

❸ 取一鋼盆放入烤熱夏威夷豆、南瓜子及蔓越莓乾，混合均勻，再倒入糖漿拌勻即可。

組合 > 烤焙

將夏威夷豆塔餡 25g 填入塔皮中；入爐，以全火 170℃，烤焙 15～20 分鐘，烤乾，完成。

焦糖綜合堅果塔

份　　量　20 個

使用模具　26/14 圓形鋁箔模

賞味建議　室溫一星期

美式塔皮 | 材料

天然釀酵無鹽奶油	65g
鹽	1g
糖粉	35g
全蛋	25g
天然香草莢醬	1g
低筋麵粉	125g
奶粉	5g

美式塔皮 | 製作 > 烤焙

❶ 麵糰製作請參照第 22、23 頁「美式/台式派皮」製作 1～4。

❷ 將做好的塔皮從冰箱取出，分割每個 12g，入模，修邊，再用叉子於底部戳孔。

❸ 放入預熱好的烤箱，以全火 170℃，烤焙 15～18 分鐘至熟，出爐放涼，刷蛋水備用。

焦糖綜合堅果塔餡 | 材料

				糖漿			
烤熟核桃	190g	葡萄乾	50g	麥芽糖	50g	鹽	3g
烤熟夏威夷豆	190g	沙拉油	10g	二砂糖	60g	水	50g

焦糖綜合堅果塔餡 | 製作

❶ 將核桃、夏威夷豆烤熟，保溫備用。取一鋼盆，倒入核桃、夏威夷豆及葡萄乾混合均勻。

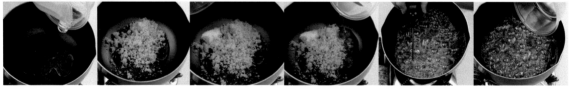

❷ 起鍋，倒入糖漿材料，煮至 135℃後熄火，加入沙拉油攪拌。

❸ 將糖漿倒入作法 1 拌勻，備用。

組合 > 烤焙

將焦糖綜合堅果塔餡 30g 填入塔皮中；入爐，以全火 170℃，烤焙 15～20 分鐘，烤乾，完成。

杏仁船型酥

份　　量 24 個

使用模具 最中

賞味建議　室溫一星期

| 塔皮材料 |

船型糯米餅　　　24 個

| 杏仁餡 | 材料

| 烤熟杏仁片 | 170g |
| 天然醱酵無鹽奶油 | 25g |

糖漿

蜂蜜	35g
細砂糖	35g
動物性鮮奶油	25g

| 杏仁餡 | 製作

❶ 將杏仁片保溫備用。

❷ 起鍋,倒入糖漿材料,煮至 121℃後熄火, 續入奶油攪拌至融化。(糖漿製作請參照第 101 頁「夏威夷豆塔餡」製作 2)

❸ 取一鋼盆,放入烤熟杏仁片,再倒入糖漿拌 勻即可。

組合 > 烤焙

將杏仁餡 12g 填入船型糯米餅中;入爐,以全 火 170℃,烤焙 15 ～ 20 分鐘,烤乾,完成。

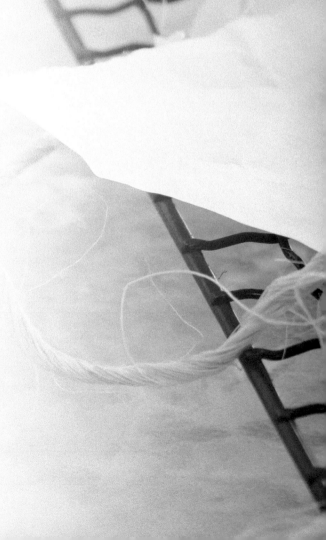

堅果船型酥

份　　量 16 個

使用模具 最中

賞味建議　室溫一星期

塔皮材料

船型糯米餅　　　　16 個

堅果蔓越莓餡 材料

烤熟夏威夷豆 250g	**糖漿**	
蔓越莓乾　　　30g	蜂蜜	40g
天然釀酵無鹽奶油 30g	細砂糖	40g
	動物性鮮奶油	30g

堅果蔓越莓餡 製作

❶ 將夏威夷豆保溫備用。取一鋼盆，倒入夏威夷豆及蔓越莓乾，備用。

❷ 起鍋，倒入糖漿材料，煮至 121℃後熄火，續入奶油攪拌至融化。（糖漿製作請參照第101 頁「夏威夷豆塔餡」製作 2）

❸ 糖漿倒入作法 1 拌勻即可。

組合 > 烤焙

將堅果蔓越莓餡 25g 填入船型糯米餅中；入爐，以全火 170℃，烤焙 15 ～ 20 分鐘，烤乾，完成。

草莓香堤船型酥

份　　量　30 個

使用模具　最中

賞味建議　冷藏 3 天

| 塔皮材料 |

船型糯米餅	30 個	融化白巧克力	適量

| 奶油蛋黃卡士達香堤餡 | 材料

蛋黃	35g	細砂糖	30g
玉米粉	10g	香草莢	1/4 根
低筋麵粉	10g	天然醱酵無鹽奶油	15g
鮮奶①	35g	鮮奶油香堤	65g
鮮奶②	125g		

| 奶油蛋黃卡士達香堤餡 | 製作

請參照第 56 頁「奶油蛋黃卡士達香堤餡」製作

| 裝飾 | 材料

新鮮草莓	適量	防潮糖粉	適量

組合 > 烤焙 > 裝飾

❶ 糯米餅皮放入烤箱,以全火 170℃,烤焙 10 分鐘,烤乾後取出,放涼,刷上融化白巧克力,備用。

❷ 草莓洗淨切半備用。將奶油蛋黃卡士達香堤餡擠入船型糯米餅中,排上草莓,撒上防潮糖粉,完成。

養生黃金南瓜小塔

份　　量 6 個　　　**使用模具** SN6072 圓塔模

賞味建議　冷藏 3 天

｜美式塔皮｜材料

天然醱酵無鹽奶油	65g
鹽	1g
糖粉	35g
全蛋	25g
天然香草莢醬	1g
低筋麵粉	125g
奶粉	5g

｜美式塔皮｜製作

❶ 麵糰製作請參照第 22、23 頁「美式/台式派皮」製作 1～4。

❷ 將做好的塔皮從冰箱取出，分割每個 40g，入模，修邊。

｜南瓜泥餡｜材料

動物性鮮奶油	40g	全蛋	70g
蒸熟南瓜泥	140g	蘭姆酒	5g
細砂糖	20g	杏仁粉	45g

｜南瓜泥餡｜製作

請參照第 35 頁「南瓜派餡」製作

｜南瓜卡士達餡｜材料

鮮奶	80g
卡士達粉	25g
蒸熟南瓜泥	40g
鮮奶油香堤	50g
蘭姆酒	10g

｜南瓜卡士達餡｜製作

❶ 將鮮奶、卡士達粉、蒸熟南瓜泥以打蛋器攪拌均勻，靜置 5 分鐘。

❷ 續入鮮奶油香堤、蘭姆酒，以打蛋器攪勻即可。

｜裝飾｜材料　　　插卡　　　6 張

組合 > 烤焙 > 裝飾

❶ 將南瓜泥餡 50g 填入塔皮中，放入預熱好的烤箱，以全火 180℃，烤焙 20 分鐘後，調頭，續烤 5～8 分鐘，出爐。

❷ 南瓜卡士達餡裝入擠花袋，擠於烤熟的塔上，每個約 30g，放入冰箱冷藏 1 小時。

❸ 冷藏完成後，放上插卡，完成。

水蜜桃塔

份　量　10 個

使用模具　SN6184 椰子模

賞味建議　冷藏 3 天

| 美式塔皮 | 材料

天然醱酵無鹽奶油	65g
鹽	1g
糖粉	35g
全蛋	25g
天然香草莢醬	1g
低筋麵粉	125g
奶粉	5g
融化白巧克力	適量

| 美式塔皮 | 製作 > 烤焙

❶ 麵糰製作請參照第 22、23 頁「美式／台式派皮」製作 1～4。

❷ 將做好的塔皮從冰箱取出，分割每個 25g，入模，修邊，再用叉子於底部戳孔。

❸ 放入預熱好的烤箱，以全火 170℃，烤焙 15～18 分鐘至熟，出爐後放涼，刷上融化白巧克力，備用。

奶油蛋黃卡士達香堤餡 | 材料

蛋黃	20g	細砂糖	20g
玉米粉	5g	香草莢	1/4 根
低筋麵粉	5g	天然醱酵無鹽奶油	10g
鮮奶①	20g	鮮奶油香堤	60g
鮮奶②	70g		

奶油蛋黃卡士達香堤餡 | 製作

請參照第 56 頁
「奶油蛋黃卡士達香堤餡」製作

裝飾 | 材料

水蜜桃	一罐	鏡面果膠	40g	蘭姆酒	5g

組合 > 裝飾

❶ 鏡面果膠及蘭姆酒混合攪勻，備用。

❷ 將奶油蛋黃卡士達香堤餡 20g 擠入塔皮中，放入冰箱冷藏 1 小時後取出。

❸ 水蜜桃切片，環形排成玫瑰花，刷上鏡面果膠，完成。

玫瑰花作法 1：取一片水蜜桃片捲成花心，放在塔餡中心，由中心往外圍擺放，上一片的一半接下一片的一半，完成後清理花瓣間擠出的餡料即可。

玫瑰花作法 2：取一片水蜜桃片捲成花心，由中心往外圍一片一片包覆，上一片的一半接下一片的一半，完成後將花朵直接移到塔餡上即可。

蜜蘋果塔

份　　量　10 個

使用模具　SN6184 椰子模

賞味建議　冷藏 3 天

美式塔皮 | 材料

天然醱酵無鹽奶油	65g
鹽	1g
糖粉	35g
全蛋	25g
天然香草莢醬	1g
低筋麵粉	125g
奶粉	5g
融化白巧克力	適量

美式塔皮 | 製作 > 烤焙

❶ 麵糰製作請參照第 22、23 頁「美式/台式派皮」製作 1～4。

❷ 做好的塔皮從冰箱取出，分割每個 25g，入模，修邊，再用叉子於底部戳孔。

❸ 放入預熱好的烤箱，以全火 170℃，烤焙 15～18 分鐘至熟，出爐後放涼，刷上融化白巧克力，備用。

奶油蛋黃卡士達香堤餡 | 材料

蛋黃	20g	細砂糖	20g
玉米粉	5g	香草莢	1/4 根
低筋麵粉	5g	天然醱酵無鹽奶油	10g
鮮奶①	20g	鮮奶油香堤	60g
鮮奶②	70g		

奶油蛋黃卡士達香堤餡 | 製作

請參照第 56 頁
「奶油蛋黃卡士達香堤餡」製作

內餡 | 材料

蘋果餡　200g

※ 蘋果餡製作
　請參考第 40 頁

裝飾 | 材料

蜜蘋果片　　　適量

※ 蜜蘋果片製作
　請參考第 41 頁

打發鮮奶油　　適量
彩色糖珠　　　適量

組合 > 裝飾

❶ 將蘋果餡 10g 填入塔皮中，擠上奶油蛋黃卡士達香堤餡 20g，擠高或尖塔狀，放入冰箱冷藏 1 小時後取出。

❷ 蜜蘋果片環形排於塔上，擠上打發鮮奶油，綴上彩色糖珠，完成。

熟皮熟餡

奇異果塔

份　　量	10 個
使用模具	SN6184 椰子模

賞味建議　冷藏 3 天

｜美式塔皮｜材料

天然醱酵無鹽奶油	65g
鹽	1g
糖粉	35g
全蛋	25g
天然香草莢醬	1g
低筋麵粉	125g
奶粉	5g
融化白巧克力	適量

｜美式塔皮｜製作 > 烤焙

❶ 麵糰製作請參照第 22、23 頁「美式/台式派皮」製作 1～4。

❷ 做好的塔皮從冰箱取出，分割每個 25g，入模，修邊，再用叉子於底部戳孔。

❸ 放入預熱好的烤箱，以全火 170℃，烤焙 15～18 分鐘至熟，出爐後放涼，刷上融化白巧克力，備用。

｜奶油蛋黃卡士達香堤餡｜材料

蛋黃	20g	細砂糖	20g
玉米粉	5g	香草莢	1/4 根
低筋麵粉	5g	天然醱酵無鹽奶油	10g
鮮奶①	20g	鮮奶油香堤	60g
鮮奶②	70g		

｜奶油蛋黃卡士達香堤餡｜製作

請參照第 56 頁
「奶油蛋黃卡士達香堤餡」製作

｜裝飾｜材料

新鮮奇異果	適量	鏡面果膠	40g
新鮮紅醋栗	1 串	蘭姆酒	5g

組合 > 裝飾

❶ 將奶油蛋黃卡士達香堤餡 15g 填入塔皮中，抹平，放入冰箱冷藏 1 小時後取出。

❷ 鏡面果膠及蘭姆酒混合攪勻備用。

❸ 奇異果切片，推展環形排在塔上，中間綴上一小串紅醋栗，刷上鏡面果膠，完成。

（熟皮熟餡）

賞味建議　冷藏 3 天

水果塔（六種）

份　　量　30 個

使用模具　SN6184 椰子模

｜美式塔皮｜材料

天然醱酵無鹽奶油	190g
鹽	3g
糖粉	100g
全蛋	70g
天然香草莢醬	3g
低筋麵粉	360g
奶粉	15g
融化白巧克力	適量

｜美式塔皮｜製作 > 烤焙

❶ 麵糰製作請參照第 22、23 頁「美式 / 台式派皮」製作 1～4。

❷ 做好的塔皮從冰箱取出，分割每個 25g，入模，修邊，再用叉子於底部戳孔。

❸ 放入預熱好的烤箱，以全火 170℃，烤焙 15～18 分鐘至熟，出爐後放涼，刷上融化白巧克力，備用。

奶油蛋黃卡士達香堤餡｜材料

蛋黃	50g	細砂糖	40g
玉米粉	12g	香草莢	1/2 根
低筋麵粉	12g	天然醱酵無鹽奶油	20g
鮮奶①	50g	鮮奶油香堤	85g
鮮奶②	170g		

裝飾｜材料

新鮮紅火龍果	適量	新鮮黑莓	適量
新鮮白火龍果	適量	新鮮薄荷葉	適量
新鮮黑葡萄	適量	打發鮮奶油	適量
新鮮草莓	適量	鏡面果膠	40g
新鮮覆盆子	適量	蘭姆酒	5g
新鮮藍莓	適量		

奶油蛋黃卡士達香堤餡｜製作

請參照第 56 頁「奶油蛋黃卡士達香堤餡」製作

....

組合 > 裝飾

❶ 將奶油蛋黃卡士達香堤餡 15g 填入塔皮中，抹平，放入冰箱冷藏 1 小時後取出。

❷ 鏡面果膠及蘭姆酒混合攪勻備用。

❸ 以整顆水果或切片、切球狀、切小塊的水果，環形排在塔上，擠上鮮奶油，刷上鏡面果膠，完成。

水果塔 1：紅、白火龍果分別以挖球器挖半圓球，白火龍果半圓球分割四等份，將紅火龍果放在餡上中心處，周圍排放白火龍果即可。

水果塔 2：將一顆完整的黑葡萄放在餡上中心處，其餘黑葡萄切半，圍繞中心，以花朵綴飾即可。

水果塔 3：將一顆完整的草莓放在餡上中心處，草莓切八等份，果肉朝外圍繞中心即可。

水果塔 4：將覆盆子排在餡上，中間擠上鮮奶油，放上一顆覆盆子，在縫隙間以藍莓點綴即可。

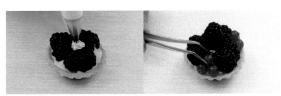

水果塔 5：將藍莓、紅醋栗堆疊放在餡上，插上薄荷葉裝飾即可。

水果塔 6：將黑莓放在餡上，中間擠上鮮奶油，放上黑莓，縫隙處以紅醋栗點綴即可。

無花果塔

份　　量　6 個

使用模具　日本花形模 (粉紅)

賞味建議　冷藏 3 天

| 法式塔皮 | 材料

低筋麵粉	140g
鹽	2g
細砂糖	5g
天然醱酵無鹽奶油 (冰硬)	70g
全蛋	35g
冰水	15g
融化白巧克力	適量

| 法式塔皮 | 製作 > 烤焙

❶ 麵糰製作請參照第 24 頁「法式派皮」製作 1 ～ 3。

❷ 做好的塔皮從冰箱取出，分割每個 40g，入模，修邊，再用叉子於底部戳孔。

❸ 放入預熱好的烤箱，以全火 170℃，烤焙 18 ～ 22 分鐘至熟，出爐後放涼，刷上融化白巧克力，備用。

| 奶油蛋黃卡士達香堤餡 | 材料

蛋黃	20g	細砂糖	20g
玉米粉	5g	香草莢	1/4 根
低筋麵粉	5g	天然醱酵無鹽奶油	10g
鮮奶①	20g	鮮奶油香堤	60g
鮮奶②	70g		

| 裝飾 | 材料

小馬卡龍	6 個	新鮮紅醋栗	適量
融化白巧克力	適量	打發鮮奶油	適量
新鮮無花果	適量	弧形巧克力裝飾片	6 條
新鮮草莓	適量		

| 奶油蛋黃卡士達香堤餡 | 製作　　請參照第 56 頁「奶油蛋黃卡士達香堤餡」製作

組合 > 裝飾

❶ 將奶油蛋黃卡士達香堤餡 30g 填入烤好的塔皮中，抹平，放入冰箱冷藏 1 小時。

❷ 每 2 片小馬卡龍塗上融化白巧克力黏合；將無花果去蒂頭、切片；草莓切片備用。

❸ 冷藏完成後取出，餡上先擠上一層打發鮮奶油，再將無花果排在塔上五花瓣處，中間擠上鮮奶油，無花果之間放上草莓、紅醋栗，中間處放上小馬卡龍，最後以弧形巧克力裝飾，完成。

鮮果塔

份　　量 9 個
使用模具 日本太陽模

賞味建議　冷藏 3 天

法式塔皮｜材料

低筋麵粉	150g
鹽	2g
細砂糖	5g
天然醱酵無鹽奶油 (冰硬)	70g
全蛋	35g
冰水	15g
融化白巧克力	適量

法式塔皮｜製作 > 烤焙

❶ 麵糰製作請參照第 24 頁「法式派皮」製作 1 ～ 3。

❷ 做好的塔皮從冰箱取出，分割每個 30g，入模，修邊，再用叉子於底部戳孔。

❸ 放入預熱好的烤箱，以全火 170℃，烤焙 18 ～ 22 分鐘至熟，出爐後放涼，刷上融化白巧克力，備用。

奶油蛋黃卡士達香堤餡｜材料

蛋黃	35g	細砂糖	30g
玉米粉	10g	香草莢	1/4 根
低筋麵粉	10g	天然醱酵無鹽奶油	15g
鮮奶①	35g	鮮奶油香堤	70g
鮮奶②	115g		

裝飾｜材料

新鮮奇異果	2 顆	巧克力裝飾片	適量
新鮮水蜜桃	2 顆	鏡面果膠	40g
新鮮草莓	20 顆	蘭姆酒	5g
打發鮮奶油	130g		

奶油蛋黃卡士達香堤餡｜製作　請參照第 56 頁「奶油蛋黃卡士達香堤餡」製作

組合 > 裝飾

❶ 將奶油蛋黃卡士達香堤餡 30g 填入烤好的塔皮中，抹平，放入冰箱冷藏 1 小時後取出，於餡上擠一層打發鮮奶油。

❷ 鏡面果膠及蘭姆酒混合攪勻，備用。

❸ 水果切條狀，鋪排在塔上，刷上鏡面果膠，放上巧克力裝飾片，完成。

雙莓水果塔

份　　量　6 個
使用模具　SN6072 圓塔模

賞味建議　冷藏 3 天

| 法式塔皮 | 材料

低筋麵粉	140g
鹽	2g
細砂糖	5g
天然醱酵無鹽奶油（冰硬）	70g
全蛋	35g
冰水	15g

| 融化白巧克力 | 適量 |

| 法式塔皮 | 製作 > 烤焙

❶ 麵糰製作請參照第 24 頁「法式派皮」製作 1 ～ 3。

❷ 做好的塔皮從冰箱取出，分割每個 40g，入模，修邊，再用叉子於底部戳孔。

❸ 放入預熱好的烤箱，以全火 170℃，烤焙 18 ～ 22 分鐘至熟，出爐後放涼，刷上融化白巧克力，備用。

| 奶油蛋黃卡士達香堤餡 | 材料

蛋黃	25g	鮮奶①	25g	香草莢	1/4 根
玉米粉	6g	鮮奶②	80g	天然醱酵無鹽奶油	10g
低筋麵粉	6g	細砂糖	20g	鮮奶油香堤	60g

| 奶油蛋黃卡士達香堤餡 | 製作

請參照第 56 頁「奶油蛋黃卡士達香堤餡」製作

| 裝飾 | 材料

| 新鮮黑莓 | 適量 | 打發鮮奶油 | 適量 |
| 新鮮覆盆子 | 適量 | 巧克力裝飾片 | 6 片 |

組合 > 裝飾

❶ 將奶油蛋黃卡士達香堤餡 30g 填入烤好的塔皮中，抹平，放入冰箱冷藏 1 小時後取出，於餡上擠一層打發鮮奶油。

❷ 水果環形排在塔上，放上巧克力裝飾片，完成。

賞味建議 冷藏 4 天

金箔巧克力抹茶藏心塔

份　　量　10 個
使用模具　方形洞洞模

法式巧克力塔皮｜材料

低筋麵粉	110g
法芙娜 100% 純可可粉	15g
鹽	2g
細砂糖	5g
天然醱酵無鹽奶油（冰硬）	65g
全蛋	40g
冰水	20g
融化黑巧克力	適量

法式巧克力塔皮｜製作 > 烤焙

❶ 麵糰製作請參照第 26 頁「法式巧克力派皮」製作 1 ～ 3。

❷ 做好的塔皮從冰箱取出，分割每個 25g，入模，修邊，再用叉子於底部戳孔。

❸ 放入預熱好的烤箱，以全火 170℃，烤焙 18 ～ 22 分鐘至熟，出爐後放涼，刷上融化黑巧克力，備用。

抹茶白巧克力慕斯餡｜材料

白巧克力	75g	抹茶粉	8g	吉利丁片	1.5 片	動物性鮮奶油②	100g
動物性鮮奶油①	45g	細砂糖	5g	白色蘭姆酒	5g		

抹茶白巧克力慕斯餡｜製作

❶ 請參照第 74 頁「抹茶白巧克力慕斯餡」製作 1 ～ 4。

❷ 將抹茶白巧克力慕斯餡 20g 填入塔皮中，抹平，放入冰箱冷藏 1 小時。

巧克力嘉納錫｜材料

苦甜巧克力	100g
動物性鮮奶油	60g

巧克力嘉納錫｜製作

苦甜巧克力與動物性鮮奶油一起隔水加熱至巧克力融化，以均質機拌勻即可。

裝飾｜材料

棉花糖	適量
金箔	適量

組合 > 裝飾

冷藏完成後取出，淋上巧克力嘉納錫，四邊放上棉花糖，以金箔點綴，完成。

酥皮焦糖香蕉塔

份　　量　6個

使用模具　SN6072 圓塔模

賞味建議　冷藏3天

| 法式杏仁塔皮 | 材料

低筋麵粉	120g
鹽	1g
糖粉	40g
杏仁粉	15g
天然醱酵無鹽奶油(冰硬)	60g
全蛋	25g

| 法式杏仁塔皮 | 製作

❶ 麵糰製作請參照第25頁「法式杏仁派皮」製作1～3。

❷ 做好的塔皮從冰箱取出，分割每個40g，入模，修邊。

| 焦糖香蕉餡 | 材料

細砂糖	75g
水	30g
香蕉	2 條
白蘭地	10g

| 焦糖香蕉餡 | 製作

❶ 香蕉切小塊備用。　❷ 將細砂糖和水倒入鍋中，先稍攪拌。

❸ 開火，將糖水煮至焦糖狀（勿攪直到變色），加入香蕉塊拌炒，再倒入少許白蘭地拌勻，熄火備用。

| 杏仁蛋糕餡 | 材料

天然醱酵無鹽奶油	40g
糖粉	30g
全蛋	35g
蘭姆酒	5g
低筋麵粉	10g
杏仁粉	35g

| 杏仁蛋糕餡 | 製作

❶ 將無鹽奶油放室溫回軟，以電動打蛋器快速打 1 分鐘；糖粉過篩後加入拌勻，用電動打蛋器快速打 1 分鐘。

❷ 分次加入全蛋與蘭姆酒，快速打發 1 分鐘；篩入低筋麵粉拌勻，最後加入杏仁粉拌勻即可。

| 裝飾 | 材料

巧克力慕斯　適量
※ 巧克力慕斯製作
　　請參考第 69 頁

岩石酥餅　適量
※ 岩石酥餅製作
　　請參考第 68 頁

酥菠蘿　適量
※ 酥菠蘿製作
　　請參考第 37 頁

新鮮紅醋栗	適量
防潮糖粉	適量
插卡	6 張

組合 > 烤焙 > 裝飾

❶ 將焦糖香蕉餡平均填入塔皮中。　❷ 擠入杏仁蛋糕餡25g，再填上適量的酥菠蘿。

❸ 放入預熱好的烤箱，以全火 180℃，烤焙 30 分鐘，出爐後放涼，脫模備用。

❹ 脫模後，擠上巧克力慕斯，放上若干岩石餅乾。

❺ 以一小串紅醋栗點綴，輕輕撒上防潮糖粉，放上插卡，完成。

牛奶巧克力塔

份　　量 12 個
使用模具 日本彎月模

賞味建議　冷藏 3 天

| 法式巧克力塔皮 | 材料

低筋麵粉	110g
法芙娜 100% 純可可粉	15g
鹽	2g
細砂糖	5g
天然醱酵無鹽奶油 (冰硬)	65g
全蛋	40g
冰水	20g
融化黑巧克力	適量

| 法式巧克力塔皮 | 製作 > 烤焙

❶ 麵糰製作請參照第 26 頁「法式巧克力派皮」製作 1 ～ 3。

❷ 做好的塔皮從冰箱取出，分割每個 20g，入模，修邊，再用叉子於底部戳孔。

❸ 放入預熱好的烤箱，以全火 170℃，烤焙 18 ～ 22 分鐘至熟，出爐後放涼，刷上融化黑巧克力，備用。

| 巧克力慕斯餡 | 材料

苦甜巧克力	40g	吉利丁片	2 片
動物性鮮奶油	40g	深色可可香甜酒	10g
蛋黃	40g	打發動物性鮮奶油	80g

| 巧克力慕斯餡 | 製作

請參照第 69 頁「巧克力慕斯餡」製作

| 裝飾 | 材料

| 牛奶巧克力 | 240g | 打發鮮奶油 | 300g | 小馬卡龍 | 2 片 | 塑巧小花 | 24 朵 |

組合 > 裝飾

❶ 將巧克力慕斯餡 16g 填入塔皮中，放入冰箱冷藏 1 小時。

❷ 隔水加熱融化牛奶巧克力備用。

❸ 冷藏完成後取出，在餡上擠一圈奶油花，中間擠上融化的牛奶巧克力。

❹ 擠上打發鮮奶油，放上小馬卡龍，以塑巧小花點綴，完成。

榛果巧克力塔

份　　量　14 個
使用模具　SN6068 圓塔模

賞味建議　冷藏 4 天

法式巧克力塔皮 | 材料

低筋麵粉	110g
法芙娜 100% 純可可粉	15g
鹽	2g
細砂糖	5g
天然醱酵無鹽奶油 (冰硬)	65g
全蛋	40g
冰水	20g
融化黑巧克力	適量

法式巧克力塔皮 | 製作 > 烤焙

❶ 麵糰製作請參照第 26 頁「法式巧克力派皮」製作 1 ～ 3。

❷ 做好的塔皮從冰箱取出，分割每個 18g，入模，修邊，再用叉子於底部戳孔。

❸ 放入預熱好的烤箱，以全火 170℃，烤焙 18 ～ 22 分鐘至熟，出爐後放涼，刷上融化黑巧克力，備用。

巧克力慕斯餡 | 材料

苦甜巧克力	50g	吉利丁片	2 片
動物性鮮奶油	50g	深色可可香甜酒	10g
蛋黃	1 顆	打發動物性鮮奶油	100g

巧克力慕斯餡 | 製作

請參照第 69 頁「巧克力慕斯餡」製作

裝飾 | 材料

| 烤熟榛果 | 適量 | 巧克力嘉納錫 | 適量 |

※ 巧克力嘉納錫製作請參考第 126 頁

組合 > 裝飾

❶ 將巧克力慕斯餡 16g 填入塔皮中，抹平，放入冰箱冷藏 1 小時。

❷ 冷藏完成後取出，餡上環形排列烤熟榛果，中心擠上巧克力嘉納錫，完成。

抹茶紅豆小塔

份　　量　6個
使用模具　日本長方形模 2358

賞味建議　冷藏 4 天

｜法式塔皮｜材料

低筋麵粉	150g
鹽	2g
細砂糖	5g
天然醱酵無鹽奶油 (冰硬)	70g
全蛋	35g
冰水	15g
融化白巧克力	適量

｜法式塔皮｜製作 > 烤焙

❶ 麵糰製作請參照第 24 頁「法式派皮」製作 1 ～ 3。

❷ 做好的塔皮從冰箱取出，分割每個 45g，入模，修邊，再用叉子於底部戳孔。

❸ 放入預熱好的烤箱，以全火 170℃，烤焙 18 ～ 22 分鐘至熟，出爐後放涼，刷上融化白巧克力，備用。

｜抹茶白巧克力慕斯餡｜材料

白巧克力	145g	吉利丁片	3 片
動物性鮮奶油①	85g	白色蘭姆酒	10g
抹茶粉	15g	動物性鮮奶油②	180g
細砂糖	10g		

｜抹茶白巧克力慕斯餡｜製作

請參照第 74 頁「抹茶白巧克力慕斯餡」製作 1 ～ 4

｜裝飾｜材料

抹茶白巧克力慕斯	120g	蜜紅豆	適量	插卡	6 張

組合 > 裝飾

❶ 將抹茶白巧克力慕斯餡 45g 填入塔皮中，放入冰箱冷藏 1 小時。

❷ 抹茶白巧克力慕斯裝入擠花袋，沿著四邊擠一圈，中間填入蜜紅豆，放上插卡裝飾，完成。

抹茶白巧克力慕斯塔

份　　量 6 個

使用模具 矽膠錐形模、小矽膠圓形模

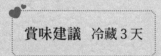

賞味建議 冷藏 3 天

美式餅乾底塔皮｜材料

| 消化餅乾 | 100g | 細砂糖 | 15g | 天然釀酵無鹽奶油 | 65g | 融化白巧克力 | 適量 |

美式餅乾底塔皮｜製作

❶ 將消化餅乾裝入塑膠袋中，用擀麵棍將消化餅乾打碎，取出。

❷ 奶油隔水加熱至融化後，加入細砂糖，倒入餅乾屑，拌勻，用湯匙匙背壓扁入模，每模 30g。

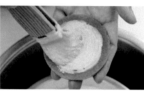

❸ 放入冰箱冷凍 1 小時後，脫模，刷上融化白巧克力，備用。

....

白巧克力慕斯餡｜材料

| 白巧克力 | 40g | 細砂糖 | 3g | BAKARDI 白色蘭姆酒 | 5g |
| 動物性鮮奶油① | 20g | 吉利丁片 | 1 片 | 動物性鮮奶油② | 60g |

白巧克力慕斯餡｜製作

❶ 吉利丁片放入冰開水泡軟，擠乾水份備用。

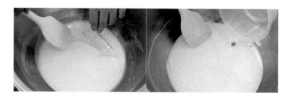

❷ 取一鋼盆，將白巧克力、動物性鮮奶油①、細砂糖混合，一起上爐隔水加熱至巧克力融化，離開熱水（不可超過 40℃）。

❸ 加入泡軟的吉利丁片拌至融化，再加入白色蘭姆酒拌勻，降溫。

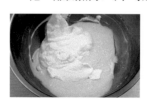

❹ 動物性鮮奶油②打至 8 分發，與降溫後的白巧克力餡拌勻。

❺ 將白巧克力慕斯 20g 填入模具中，抹平，放入冰箱冷凍 1 小時，脫模備用。

│抹茶白巧克力慕斯餡│材料

白巧克力	320g	吉利丁片	6.5 片
動物性鮮奶油①	190g	BAKARDI 白色蘭姆酒	30g
抹茶粉	30g	動物性鮮奶油②	380g
細砂糖	20g		

│抹茶白巧克力慕斯餡 │製作

❶ 吉利丁片放入冰開水泡軟，擠乾水份備用。

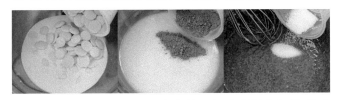 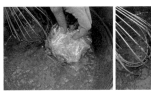 

❷ 動物性鮮奶油①、白巧克力放入鋼盆中隔水加熱到巧克力融化，加入抹茶粉拌勻，再加入細砂糖混合至溶化後，鋼盆離開熱水。

❸ 續入泡軟的吉利丁片拌至融化，再加入白色蘭姆酒拌勻，降溫。

❹ 動物性鮮奶油②打到 8 分發，與降溫好的巧克力餡拌勻，裝入擠花袋備用。

❺ 先將抹茶白巧克力慕斯餡 60g 填入錐型模具中，放入冰硬脫模的白巧克力慕斯餡，再填入抹茶白巧克力慕斯餡 100g，抹平，放入冰箱冷凍 1 小時，脫模備用。

. . . .

│裝飾│材料

抹茶鏡面　　　適量

※ 抹茶鏡面製作
　　請參考第 74 頁

翻糖小花　　6 朵

組合 > 裝飾

抹茶白巧克力慕斯餡淋上抹茶鏡面，再移至餅乾底上，以翻糖小花裝飾，完成。

養樂多小塔

份　量 10 個
使用模具 方形洞洞模

│法式巧克力塔皮│材料

低筋麵粉	110g
法芙娜 100% 純可可粉	15g
鹽	2g
細砂糖	5g
天然釀酵無鹽奶油 (冰硬)	65g
全蛋	40g
冰水	20g
融化黑巧克力	適量

│法式巧克力塔皮│製作 > 烤焙

❶ 麵糰製作請參照第 26 頁「法式巧克力派皮」製作 1 ～ 3。

❷ 做好的塔皮從冰箱取出，分割每個 25g，入模，修邊，再用叉子於底部戳孔。

❸ 放入預熱好的烤箱，以全火 170℃，烤焙 18 ～ 22 分鐘至熟，出爐後放涼，刷上融化黑巧克力，備用。

│養樂多果凍餡│材料

養樂多　　300g　│　吉利丁片　　15 片

│養樂多果凍餡 │製作 > 組合

❶ 吉利丁片剪開，放入冰開水泡軟，擠乾水份備用。

❷ 鍋中倒入養樂多，加入泡軟的吉利丁片，隔水加熱煮至吉利丁片融化，熄火備用。

❸ 將養樂多果凍液 20g 填入塔皮中（約半模高），放入冰箱冷藏 1 小時。

❹ 球形模型噴上烤盤油，將餘下的養樂多果凍液倒入模中，輕輕上下敲模以確定填滿，放入冰箱冷凍 1 小時，脫模備用。

│裝飾│材料

鮮奶油香堤　適量　│　塑巧小花　　30 朵

組合 > 裝飾

塔皮冷藏完成後取出，在內餡上擠滿鮮奶油香堤，放上養樂多果凍球，再以塑巧小花點綴，完成。

覆盆子草莓塔

份　　量　6 個

使用模具　SN6072 圓塔模、矽膠圓形模

1 | 法式巧克力塔皮 | 材料

低筋麵粉	110g	天然釀酵無鹽奶油（冰硬）	65g
法芙娜 100% 純可可粉	15g	全蛋	40g
鹽	2g	冰水	20g
細砂糖	5g		

法式巧克力塔皮 | 製作

❶ 麵糰製作請參照第 26 頁「法式巧克力派皮」製作 1 ～ 3。

❷ 做好的塔皮從冰箱取出，分割每個 40g，入模，修邊。

2 | 杏仁巧克力豆蛋糕餡 | 材料

天然釀酵無鹽奶油	40g	天然香草莢醬	1g	蛋白	50g
細砂糖①	15g	低筋麵粉	20g	細砂糖②	25g
蛋黃	15g	杏仁粉	50g	耐烤巧克力豆	30g

杏仁巧克力豆蛋糕餡 | 製作 > 組合 > 烤培

❶ 無鹽奶油放室溫回軟，加入細砂糖①，以打蛋器攪勻，續入蛋黃攪勻，再加入天然香草莢醬拌勻；篩入低筋麵粉，用刮刀拌勻，再加入杏仁粉拌勻。

❷ 蛋白加細砂糖②打至濕性發泡 9 分發，與作法 1 拌勻，再加入耐烤巧克力豆拌勻即可。

❸ 將杏仁巧克力豆蛋糕餡 40g 填入塔皮中，抹平，放入預熱好的烤箱，以全火 180℃，烤焙 30 分鐘，出爐後放涼，脫模備用。

3 | 莓果慕斯餡 | 材料

覆盆子果泥	30g
草莓果泥	45g
吉利丁片	2 片
動物性鮮奶油	150g

| 莓果慕斯餡 | 製作

❶ 吉利丁片剪開，放入冰開水泡軟，擠乾水份備用。

❷ 覆盆子果泥、草莓果泥混合，加入泡軟的吉利丁片，煮至吉利丁片融化，馬上熄火，降溫。

❸ 動物性鮮奶油打至 8 分發，與降溫後的莓果餡拌勻。

❹ 將莓果慕斯餡35g填入矽圓模中（約半模高），放入冰箱冷凍 1 小時後，脫模備用。

4 | 草莓巧克力嘉納錫 | 材料

白巧克力	100g
動物性鮮奶油	20g
草莓果泥	40g

| 草莓巧克力嘉納錫 | 製作

白巧克力與動物性鮮奶油隔水加熱至融化後拌勻，再加入草莓果泥拌勻，熄火備用。

5 | 裝飾 | 材料

新鮮覆盆子	12 顆	蕾絲瓦片	6 片
新鮮藍莓	6 顆	插卡	6 張

組合 > 裝飾

❶ 莓果慕斯餡淋上草莓巧克力嘉納錫。

❷ 壓切蕾絲瓦片，把瓦片放在蛋糕塔上，再放上莓果慕斯餡。

❸ 最後放上覆盆子、藍莓、插卡，完成。

蛋糕塔 + 慕斯餡　**巧克力蘋果塔**

份　　量 12 個

使用模具 SN6022 小蛋糕模、SN6041 淺半圓模

法式塔皮 │ 材料

低筋麵粉	125g
鹽	2g
細砂糖	5g
天然釀酵無鹽奶油 (冰硬)	60g
全蛋	30g
冰水	15g

法式塔皮 │ 製作

❶ 麵糰製作請參照第 24 頁「法式派皮」製作 1 ～ 3。

❷ 做好的塔皮從冰箱取出，分割每個 20g，入模，修邊。

....

杏仁巧克力豆蛋糕餡 │ 材料

天然釀酵無鹽奶油	50g	天然香草莢醬	2g	蛋白	60g
細砂糖①	15g	低筋麵粉	20g	細砂糖②	30g
蛋黃	2 個	杏仁粉	60g	耐烤巧克力豆	35g

杏仁巧克力豆蛋糕餡 │ 製作 > 組合 > 烤焙

❶ 無鹽奶油放室溫回軟，加入細砂糖①，以打蛋器攪勻，續入蛋黃攪勻，再加入天然香草莢醬拌勻；篩入低筋麵粉，用刮刀拌勻，再加入杏仁粉拌勻。

❷ 蛋白加細砂糖②打至濕性發泡 9 分發，與作法 1 拌勻，再加入耐烤巧克力豆拌勻即可。

❸ 將杏仁巧克力豆蛋糕餡 25g 填入塔皮中，抹平，放入預熱好的烤箱，以全火 180℃，烤焙 25 分鐘，出爐後放涼，脫模備用。

巧克力慕斯餡 | 材料

苦甜巧克力	70g	蛋黃	25g	深色可可香甜酒	10g
動物性鮮奶油	70g	吉利丁片	3 片	打發動物性鮮奶油	150g

巧克力慕斯餡 | 製作

❶ 苦甜巧克力與動物性鮮奶油一同隔水加熱至巧克力融化，拌勻，熄火。（冷水開始加熱，不要超過 40℃）

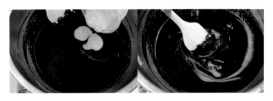

❷ 加入蛋黃加入攪拌均勻。

❸ 吉利丁片剪開泡冰開水，泡軟，擠乾水份，加入巧克力中拌至融化。

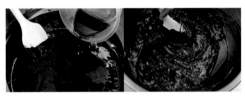

❹ 續入深色可可香甜酒拌勻，降溫。

❺ 鮮奶油打發，分次拌入巧克力糊中，拌勻成巧克力慕斯糊，裝入擠花袋備用。

❻ 將巧克力慕斯餡 28g 填入模具 6041 中，放入冰箱冷凍 1 小時後，取出，使用噴槍脫模備用。

巧克力嘉納錫 | 材料

苦甜巧克力	100g
動物性鮮奶油	60g

巧克力嘉納錫 | 製作

苦甜巧克力與動物性鮮奶油一起隔水加熱至巧克力融化，以均質機拌勻即可。

裝飾 | 材料

巧克力餅乾棒	12 根
椰子粉	適量
新鮮薄荷葉	12 片

組合 > 裝飾

脫模後的巧克力慕斯餡淋上適量的巧克力嘉納錫，移至蛋糕塔上，邊緣沾椰子粉，插上餅乾棒及薄荷葉，完成。

乳酪香堤塔

份　　量 6 個
使用模具 矽膠圓形模、義大利造型模

賞味建議　冷藏 3 天

｜美式餅乾底塔皮｜材料

| 消化餅乾 | 100g | 細砂糖 | 15g | 天然釀酵無鹽奶油 | 65g | 融化白巧克力 | 適量 |

｜美式餅乾底塔皮｜製作

請參照第 138 頁「美式餅乾底塔皮」製作

｜乳酪慕斯餡｜材料

吉利丁	1 片
奶油乳酪	80g
細砂糖	15g
檸檬汁	15g
動物性鮮奶油	35g
紅櫻桃果醬	85g
打發動物性鮮奶油	80g

｜乳酪慕斯餡｜製作

❶ 請參照第 65 頁「乳酪慕斯餡」製作 1～4。

❷ 將乳酪慕斯餡 50g 填入矽圓模中，放入冰箱冷凍 1 小時後，脫模備用。

｜裝飾｜材料

| 白巧克力裝飾片 | 6 片 | 鮮奶油香堤 | 100g | 柳橙皮末 | 適量 |
| 彩色小馬卡龍 | 45 片 | 檸檬皮末 | 適量 | | |

組合 > 裝飾

❶ 製作白巧克力裝飾片：隔水加熱融化白巧克力，填入模型，放入冰箱冷藏冰硬後取出，脫模備用。

❷ 餅乾底上放慕斯餡，周圍繞貼小馬卡龍，上面擠上鮮奶油香堤，再蓋上白巧克力裝飾片，撒上檸檬皮末或柳橙皮末，完成。

法式布蕾小塔

份　　量　6 個
使用模具　矽膠星形模

賞味建議　冷藏 3 天

美式餅乾底塔皮｜材料

| 消化餅乾 | 100g | 細砂糖 | 15g | 天然釀酵無鹽奶油 | 65g | 融化牛奶巧克力 | 適量 |

美式餅乾底塔皮｜製作

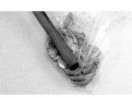

❶ 將消化餅乾裝入塑膠袋中，用擀麵棍將消化餅乾打碎，取出。

❷ 奶油隔水加熱至融化後，加入細砂糖，倒入餅乾屑，拌勻，用湯匙匙背壓扁入模，每模 30g。

❸ 放入冰箱冷凍 1 小時後，脫模，刷上融化牛奶巧克力，備用。

| 法式布蕾餡 | 材料

鮮奶	120g	香草莢	1/4 根	蛋黃	1 顆
動物性鮮奶油	60g	細砂糖	30g	全蛋	2 顆

| 法式布蕾餡 | 製作 > 烤焙

❶ 取一鋼盆,將蛋黃及全蛋打散;香草莢取籽備用。

❷ 另取鋼盆,依序加入鮮奶、動物性鮮奶油、香草莢籽、細砂糖,開火煮至細砂糖溶化後,馬上熄火,放涼至不燙手。

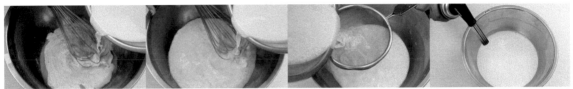

❸ 將作法 2 倒入作法 1 之鋼盆,攪勻後過篩,以噴槍消泡。

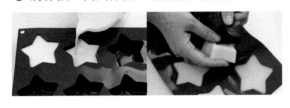

❹ 再將布蕾液平均填入矽膠星形烤模,入爐,以全火 170℃,烤焙 25 ～ 30 分鐘(水浴蒸烤),出爐後放涼,脫模,放入冰箱冰涼。

- -

| 裝飾 | 材料

打發鮮奶油	60g	蕾絲瓦片	6 片	新鮮藍莓	6 顆
牛奶巧克力	100g	新鮮草莓	3 顆	插卡	6 張

組合 > 裝飾

❶ 將冷藏完成的法式布蕾餡取出,外緣沾上隔水加熱融化的牛奶巧克力,置於餅乾底上。

❷ 中心擠上打發鮮奶油,放上剖半草莓、藍莓。

❸ 將蕾絲瓦片剝小片,綴於布蕾上,放上插卡,完成。

脆皮杏仁巧克力小塔

份　　量　6 個
使用模具　SN6401 菱形菊花蛋糕模

| 奶油榛果巧克力蛋糕底 | 材料

天然醱酵無鹽奶油	95g	蘭姆酒	5g	榛果粉	60g
（室溫回溫）		低筋麵粉	15g		
糖粉	75g	可可粉	15g	融化牛奶巧克力	適量
全蛋	80g				

| 奶油榛果巧克力蛋糕底 | 製作 > 烤焙

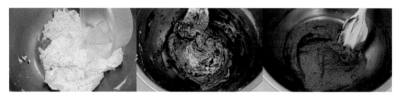

❶ 將無鹽奶油放置室溫回軟後，以電動打蛋器快速打 1 分鐘；糖粉過篩後加入拌勻，用電動打蛋器快速打 1 分鐘。分次加入全蛋，快速打 1 分鐘，再加入蘭姆酒拌勻；低筋麵粉及可可粉混合過篩後加入拌勻，最後加入榛果粉拌勻。

❷ 在烤焙紙背面描上模型大小，擠入紙模，入爐，以全火 180℃，烤焙 30 分鐘。

❸ 出爐後放涼，脫模，刷上融化牛奶巧克力，備用。

| 巧克力慕斯餡 | 材料

苦甜巧克力	50g
鮮奶油	50g
蛋黃	1 顆
吉利丁片	2 片
深色可可香甜酒	10g
打發動物性鮮奶油	100g

| 巧克力慕斯餡 | 製作

❶ 請參照第 69 頁「巧克力慕斯餡」製作 1～5。

❷ 將巧克力慕斯餡 30g 填入塔模中，抹平，放入冰箱冷凍 1 小時。

❸ 冷凍完成後，用噴槍脫模，備用。

| 裝飾 | 材料

牛奶巧克力	150g	烤熟杏仁角	50g

組合 > 裝飾

隔水加熱融化牛奶巧克力，淋上巧克力慕斯餡，撒上杏仁角，再移至蛋糕底上，完成。

馬卡龍愛心小塔

份　　量　5 個
使用模具　日本愛心模 2359

賞味建議　冷藏 4 天

法式杏仁塔皮 | 材料

低筋麵粉	120g
鹽	1g
麵粉	40g
杏仁粉	15g
天然釀酵無鹽奶油(冰硬)	60g
全蛋	25g
融化白巧克力	適量

法式杏仁塔皮 | 製作 > 烤焙

❶ 麵糰製作請參照第 25 頁「法式杏仁派皮」製作 1～3。

❷ 做好的塔皮從冰箱取出，分割每個 50g，入模，修邊，再用叉子於底部戳孔。

❸ 放入預熱好的烤箱，以全火 170℃，烤焙 18～22 分鐘至熟，出爐後放涼，刷上融化白巧克力，備用。

莓果慕斯餡 | 材料

覆盆子果泥	30g	草莓果泥	45g	吉利丁片	2 片	動物性鮮奶油	150g

莓果慕斯餡 | 製作

❶ 吉利丁片剪開，放入冰開水泡軟，擠乾水份備用。

❷ 覆盆子果泥、草莓果泥混合，加入泡軟的吉利丁片，煮至吉利丁片融化，馬上熄火，降溫。

❸ 動物性鮮奶油打至 8 分發，與降溫後的莓果餡拌勻。

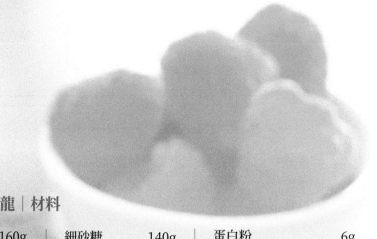

心形草莓馬卡龍 | 材料

馬卡龍專用杏仁粉	160g	細砂糖	140g	蛋白粉	6g
糖粉	140g	水	45g	紅色天然食用色素	適量
蛋白①	50g	蛋白②	60g		

心形草莓馬卡龍 | 製作 > 烤焙

❶ 馬卡龍專用杏仁粉、糖粉混合後過篩 1 次。

❷ 加入蛋白①拌勻成糰。

❸ 細砂糖、水混合，放上爐煮至 121℃。

❹ 蛋白粉加入蛋白②，以電動打蛋器打發 1 分 30 秒，分次倒入煮好的糖水，打至乾性發泡約 4 分鐘。

❺ 打發的蛋白分三次加入拌好的杏仁粉糊中拌勻，拿刮刀撈起麵糊成片狀。

❻ 馬卡龍糊加入紅色天然食用色素拌勻。

❼ 用心形模沾糖粉在烤盤上壓出形狀，麵糊在上面擠出心形；或在烤焙紙上畫愛心的形狀，將紙翻面，麵糊在上面擠出心形。

❽ 放入以上火 60℃ / 下火 0℃ 預熱的烤箱裏烘乾 20 分鐘。烤盤不取出，烤箱溫度調整成上火 130℃ / 下火 150℃，續烤 20 ～ 22 分鐘，放涼備用。

| 裝飾 | 材料

打發鮮奶油	適量	新鮮藍莓	適量	插卡	5 張
新鮮覆盆子	適量	防潮糖粉	適量		

組合 > 裝飾

❶ 將莓果慕斯餡 40g 填入心形塔皮中，放入冰箱冷藏 1 小時。

❷ 冷藏完成後取出，沿著心形擠一圈鮮奶油，蓋上心形草莓馬卡龍，中間擠滿鮮奶油，放上覆盆子和藍莓，撒上防潮糖粉，放上插卡，完成。

覆盆子果凍塔

份　量　6個
使用模具　SN6072 圓塔模

｜法式杏仁塔皮｜材料

低筋麵粉	120g	全蛋	25g
鹽	1g	紅色天然食用色素	適量
糖粉	40g		
杏仁粉	15g	融化白巧克力	適量
天然醱酵無鹽奶油(冰硬)	60g		

｜法式杏仁塔皮｜製作 > 烤焙

❶ 麵糰製作請參照第 25 頁「法式杏仁派皮」製作 1 ～ 2。

❷ 續入全蛋，用切拌法拌勻成麵糰，加入紅色天然食用色素拌勻，放入冰箱冷藏 20 分鐘。

❸ 做好的塔皮從冰箱取出，分割每個 40g，入模，修邊，再用叉子於底部戳孔。

❹ 放入預熱好的烤箱，以全火 170℃，烤焙 18 ～ 22 分鐘
　至熟，出爐後放涼，刷上融化白巧克力，備用。

....

｜莓果慕斯餡｜材料

覆盆子果泥	25g	吉利丁片	2 片
草莓果泥	35g	動物性鮮奶油	120g

｜莓果慕斯餡｜製作

請參照第 143 頁「莓果慕斯餡」製作 1 ～ 3

....

｜裝飾｜材料

新鮮覆盆子　　適量　｜　打發鮮奶油　適量　｜　插卡　　6 張

組合 > 裝飾

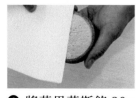 

❶ 將莓果慕斯餡 30g
　填入塔皮中，用刮
　板抹平，放入冰箱
　冷藏 1 小時。

❷ 冷藏完成後取出，
　放上覆盆子，擠上
　打發鮮奶油，放上
　插卡，完成。

草莓馬卡龍慕斯塔

份　　量　6 個

使用模具　矽膠圓形模

賞味建議　冷藏 3 天

| 美式餅乾底塔皮 | 材料

| 消化餅乾 | 100g | | 細砂糖 | 15g | | 天然醱酵無鹽奶油 | 65g | | 融化白巧克力 | 適量 |

| 美式餅乾底塔皮 | 製作

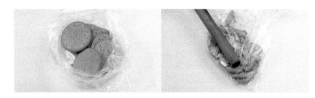

❶ 將消化餅乾裝入塑膠袋中，用擀麵棍將消化餅乾打碎，取出。

❷ 奶油隔水加熱至融化後，加入細砂糖，倒入餅乾屑中拌勻，用湯匙匙背壓扁入模，每模 30g。

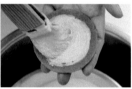

❸ 放入冰箱冷凍 1 小時後，脫模，刷上融化白巧克力，備用。

....

| 莓果慕斯餡 | 材料

| 覆盆子果泥 | 60g | | 草莓果泥 | 90g | | 吉利丁片 | 4 片 | | 動物性鮮奶油 300g |

| 莓果慕斯餡 | 製作

❶ 吉利丁片剪開，放入冰開水泡軟，擠乾水份備用。

❷ 覆盆子果泥、草莓果泥混合，加入泡軟的吉利丁片，煮至吉利丁片融化，馬上熄火，降溫。

❸ 動物性鮮奶油打至 8 分發，與降溫後的莓果餡拌勻。

❹ 將莓果慕斯餡 70g 填入矽膠圓形模中，放入冰箱冷凍 1 小時後，脫模備用。

| 草莓巧克力嘉納錫 | 材料

| 白巧克力 | 100g | | 動物性鮮奶油 | 20g | | 草莓果泥 | 40g |

| 草莓巧克力嘉納錫 | 製作

白巧克力與動物性鮮奶油隔水加熱至融化後拌勻，再加入草莓果泥拌勻，熄火備用。

| 裝飾 | 材料

小馬卡龍	36 片
翻糖小花	6 朵
草莓	6 顆
紅醋栗	1 小串

組合 > 裝飾

將脫模後的莓果慕斯淋上適量的草莓巧克力嘉納錫，再移至餅乾底上，旁邊貼上小馬卡龍，放上草莓、紅醋栗，以翻糖小花裝飾，完成。

檸檬小塔

份　　量 6 個
使用模具 日本花形模 (藍)

| 法式塔皮 | 材料

低筋麵粉	150g
鹽	2g
細砂糖	5g
天然醱酵無鹽奶油 (冰硬)	70g
全蛋	35g
冰水	15g
融化白巧克力	適量

| 法式塔皮 | 製作 > 烤焙

❶ 麵糰製作請參照第 24 頁「法式派皮」製作 1 ～ 3。

❷ 做好的塔皮從冰箱取出，分割每個 45g，入模，修邊，再用叉子於底部戳孔。

❸ 放入預熱好的烤箱，以全火 170℃，烤焙 18 ～ 22 分鐘至熟，出爐後放涼，刷上融化白巧克力，備用。

| 檸檬慕斯餡 | 材料

全蛋	80g	檸檬汁	55g
細砂糖	80g	天然醱酵無鹽奶油	95g

| 檸檬慕斯餡 | 製作

❶ 將全蛋、細砂糖、檸檬汁倒入鍋中，煮至濃稠狀，熄火，加入天然醱酵無鹽奶油，拌勻。

❷ 隔冰水降溫至檸檬慕斯餡撈起呈片狀滴落，似沙拉醬貌。

| 裝飾 | 材料

檸檬片	6 片

組合 > 裝飾

❶ 將檸檬慕斯餡 50g 填入塔皮中，放入冰箱冷藏 1 小時。

❷ 冷藏完成後取出，放上切片檸檬裝飾，完成。

甜桃塔

份　　量　6 個

使用模具　SN6072 圓塔模

賞味建議　冷藏 3 天

∣ 美式塔皮 ∣ 材料

天然釀酵無鹽奶油	60g
鹽	1g
糖粉	35g
全蛋	25g
天然香草莢醬	1g
低筋麵粉	120g
奶粉	5g
融化白巧克力	適量

∣ 美式塔皮 ∣ 製作 > 烤焙

❶ 麵糰製作請參照第 22、23 頁「美式 / 台式派皮」製作 1～4。

❷ 做好的塔皮從冰箱取出，分割每個 40g，入模，修邊，再用叉子於底部戳孔。

❸ 放入預熱好的烤箱，以全火 170℃，烤焙 18～22 分鐘至熟，出爐後放涼，刷上融化白巧克力，備用。

| 甜桃卡士達餡 | 材料

蛋黃	2 顆	新鮮甜桃	50g
玉米粉	10g	水蜜桃酒	5g
鮮奶	35g	（或 BAKARDI 白色蘭姆酒）	
細砂糖	25g	鮮奶油香堤	50g

| 甜桃卡士達餡 | 製作

❶ 甜桃去籽，用調理機打成果泥，備用。

❷ 取一鋼盆，放入蛋黃、入玉米粉，以打蛋器攪勻。

❸ 另取鋼盆，放入鮮奶及細砂糖，煮滾後熄火，分次加入作法 2 中攪勻。

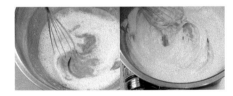 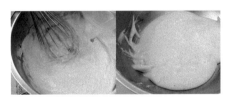 

❹ 續入甜桃果泥，上爐煮滾，邊煮邊攪至濃稠，熄火。

❺ 再加入水蜜桃酒或白色蘭姆酒拌勻，添加香氣；蓋上保鮮膜，保鮮膜貼著餡，放涼。

❻ 放涼後，最後加入鮮奶油香堤拌勻即可。

| 裝飾 | 材料

新鮮甜桃	6 顆
打發鮮奶油	適量

組合 > 裝飾

❶ 將甜桃卡士達餡 30g 填入塔皮中，放入冰箱冷藏 1 小時，冷藏完成後取出。

❷ 甜桃去籽，打發鮮奶油擠入洞裡，合起甜桃，置於塔上，繞著甜桃擠一圈奶油花點綴，完成。

熟皮熟餡 # 百香果塔

份　　量　10 個

使用模具　SN6172 橢圓菊花模

賞味建議　冷藏 3 天

| 法式杏仁塔皮 | 材料

低筋麵粉	70g
鹽	1g
糖粉	25g
杏仁粉	10g
天然醱酵無鹽奶油 (冰硬)	35g
全蛋	15g
融化白巧克力	適量

| 法式杏仁塔皮 | 製作 > 烤焙

❶ 麵糰製作請參照第 25 頁「法式杏仁派皮」製作 1 ～ 3。

❷ 做好的塔皮從冰箱取出，分割每個 15g，入模，修邊，再用叉子於底部戳孔。

❸ 放入預熱好的烤箱，以全火 170℃，烤焙 18 ～ 22 分鐘至熟，出爐後放涼，刷上融化白巧克力，備用。

| 百香果慕斯餡 | 材料

| 百香果（去籽） | 60g | 蛋黃 | 30g | 細砂糖 | 15g |
| 動物性鮮奶油 | 40g | 吉利丁片 | 1 片 | 打發動物性鮮奶油 | 60g |

| 百香果慕斯餡 | 製作

❶ 將百香果去籽後，與動物性鮮奶油一同加熱。

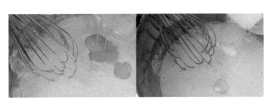

❷ 續入蛋黃攪勻，再加入細砂糖攪拌至糖溶化。

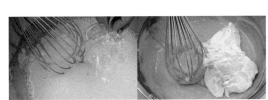

❸ 吉利丁片剪開，放入冰開水泡軟，擠乾水份，加入作法 2 拌勻至融化後，降溫。

❹ 動物性鮮奶油打發，分次拌入百香果糊中攪勻即可。

| 裝飾 | 材料

新鮮百香果	3 顆
鏡面果膠	40g
蘭姆酒	5g
打發鮮奶油	100g

組合 > 裝飾

❶ 放入百香果慕斯餡 20g 填入塔皮中，抹平，放入冰箱冷藏 1 小時，冷藏完成後取出。

❷ 鏡面果膠及蘭姆酒混合攪勻，刷在百香果塔上，擠上打發鮮奶油，綴上百香果塊，完成。

熟皮熟餡 **草莓小塔**

份　量　10 個
使用模具　26/14 圓形鋁箔模

賞味建議　冷藏 3 天

| 法式杏仁塔皮 | 材料

低筋麵粉	55g
鹽	1g
糖粉	20g
杏仁粉	10g
天然醱酵無鹽奶油 (冰硬)	30g
全蛋	10g

融化白巧克力	適量

| 法式杏仁塔皮 | 製作 > 烤焙

❶ 麵糰製作請參照第 25 頁「法式杏仁派皮」製作 1 ～ 3。

❷ 做好的塔皮從冰箱取出，分割每個 12g，入模，修邊，再用叉子於底部戳孔。

❸ 放入預熱好的烤箱，以全火 170℃，烤焙 18 ～ 22 分鐘至熟，出爐後放涼，刷上融化白巧克力，備用。

| 香草卡士達餡 | 材料

鮮奶	95g	香草莢	1/4 根	奶油	10g
細砂糖	20g	全蛋	20g	打發鮮奶油香堤	70g
鹽	1g	玉米粉	10g		

| 香草卡士達餡 | 製作　請參照第 39 頁「香草卡士達餡」製作

| 裝飾 | 材料

新鮮草莓	10 顆	鏡面果膠	40g	蘭姆酒	5g

組合 > 裝飾

❶ 將香草卡士達餡 20g 填入塔皮中，放入冰箱冷藏 1 小時，冷藏完成後取出。

❷ 扇形草莓切法：中心切一刀，不切斷，左右各再切二刀，亦不切斷，輕壓蒂頭展開草莓片。

❸ 扇形草莓放於塔上；鏡面果膠及蘭姆酒混合攪勻後，刷在草莓上，完成。

熟皮熟餡	**哈蜜瓜塔**	份　　量	10 個		賞味建議　冷藏 3 天

份　　量　10 個
使用模具　SN6184 椰子模

賞味建議　冷藏 3 天

美式塔皮 ｜ 材料

天然醱酵無鹽奶油	65g	低筋麵粉	125g
鹽	1g	奶粉	5g
糖粉	35g		
全蛋	25g	融化白巧克力	適量
天然香草莢醬	1g		

美式塔皮 ｜ 製作 > 烤焙

❶ 麵糰製作請參照第 22、23 頁「美式 / 台式派皮」製作 1 ～ 4。

❷ 做好的塔皮從冰箱取出，分割每個 25g，入模，修邊，再用叉子於底部戳孔。

❸ 放入預熱好的烤箱，以全火 170℃，烤焙 15 ～ 18 分鐘至熟，出爐後放涼，刷上融化白巧克力，備用。

奶油蛋黃卡士達香堤餡 ｜ 材料

蛋黃	20g	鮮奶①	20g	香草莢	1/4 根
玉米粉	5g	鮮奶②	60g	天然醱酵無鹽奶油	8g
低筋麵粉	5g	細砂糖	15g	鮮奶油香堤	30g

奶油蛋黃卡士達香堤餡 ｜ 製作　請參照第 56 頁「奶油蛋黃卡士達香堤餡」製作

裝飾 ｜ 材料

新鮮哈蜜瓜	適量	芭芮脆片	少許	蘭姆酒	5g
打發鮮奶油	適量	鏡面果膠	40g	插卡	10 張

組合 > 裝飾

❶ 將奶油蛋黃卡士達香堤餡 15g 填入塔皮中，抹平，放入冰箱冷藏 1 小時。

❷ 用挖球器挖哈蜜瓜球備用。

❸ 冷藏完成後取出，內餡上擺放 3 顆哈蜜瓜球，在中間擠上奶油蛋黃卡士達香堤餡，疊放 1 顆哈蜜瓜球，周圍灑上少許芭納脆片；亦可先在餡上撒芭芮脆片，先放上 3 顆哈蜜瓜球，擠上打發鮮奶油，再放上 1 顆哈蜜瓜球。

❹ 鏡面果膠及蘭姆酒混合攪勻後，刷在哈蜜瓜球上，放上插卡，完成。

Part 4

葡 式 蛋 塔

香酥的葡式蛋塔
是一股不滅的風潮
不需風吹日曬排隊等待
在家就能輕鬆製作出美味的葡式蛋塔
無論是酥脆的原味
彈滑的黑糖麻糬、萬年不敗的巧克力
看似單一的葡式蛋塔也有如此令人讚嘆的變化！

原味葡式蛋塔

份　　量 28 個

使用模具 鋁箔模

賞味建議　現烤現吃較佳

原味千層外皮　材料

高筋麵粉①	300g	白醋	8g
細砂糖	10g	天然醱酵無鹽奶油	55g
冰水	150g	起酥瑪琪琳	230g
全蛋	25g	高筋麵粉②	適量

原味千層外皮　製作

❶ 將高筋麵粉①、細砂糖、冰水、全蛋、白醋放入鋼盆中混合，取出，揉成糰。

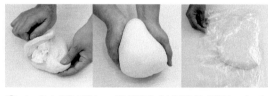

❷ 加入無鹽奶油，繼續揉成光滑的麵糰，包入塑膠袋，放入冰箱冷藏 1 小時。

❸ 冷藏完成後取出麵糰，擀成起酥瑪琪琳的 2 倍大，將瑪琪琳放在麵糰上，用麵皮包入，擀至厚度為 0.4 公分，折四折，包入塑膠袋，放入冰箱冷藏 20 分鐘。

❹ 冷藏完成後取出，再擀至厚度為 0.4 公分，折四折，包入塑膠袋，放入冰箱冷藏 20 分鐘。

❺ 冷藏完成後取出，再擀至厚度為 0.4 公分，折四折，包入塑膠袋，再次放入冰箱冷藏 20 分鐘。

❻ 冷藏後取出，壓扁，擀平成長 40 公分、寬 30 公分，若有氣孔可拿竹籤斜叉去除。

❼ 表面上刷少許水，捲起成長條狀，修掉頭尾，切成每捲 1.5 公分寬。

❽ 麵糰二面沾上高筋麵粉②，用擀麵棍壓扁擀平，入模，邊緣以剪刀修掉多餘麵糰，放入冰箱冷凍定型即可。

| 原味蛋塔餡 | 材料

牛奶	110g	動物性鮮奶油	590g
細砂糖	115g	蛋黃	7 顆
奶香粉	5g	全蛋	4 顆

| 原味蛋塔餡 | 製作

牛奶、細砂糖、奶香粉放入鋼盆中，混合攪勻至細砂糖溶化，加入動物性鮮奶油、蛋黃與全蛋拌勻，
過篩備用。

組合 > 烤焙

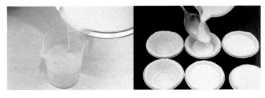

❶ 將原味蛋塔餡倒入尖嘴杯，再平均倒入千層皮中。

❷ 放入烤箱，以上火 210℃ / 下火 200℃，烤焙約
20 ～ 23 分鐘，烤至千層皮酥脆上色，完成。

黑糖麻糬葡式蛋塔

份　　量 28 個　　**使用模具** 鋁箔模

賞味建議　現烤現吃較佳

｜原味千層外皮｜材料

高筋麵粉①	300g	全蛋	25g	起酥瑪琪琳	230g
細砂糖	10g	白醋	8g	高筋麵粉②	適量
冰水	150g	天然醱酵無鹽奶油	55g		

｜原味千層外皮｜製作

請參照第 176 頁「原味葡式蛋塔」千層外皮製作 1 ～ 8。

｜黑糖蛋塔餡｜材料

牛奶	85g	動物性鮮奶油	450g
黑糖	60g	蛋黃	6 顆
細砂糖	20g	全蛋	3 顆

｜內餡｜材料

黑糖麻糬	28 顆

｜黑糖蛋塔餡｜製作

牛奶、黑糖、細砂糖上爐煮滾，熄火，放涼至 60℃；續入動物性鮮奶油、蛋黃及全蛋混合攪勻，過篩備用。

組合 > 烤焙

❶ 每份千層皮中放入一顆黑糖麻糬，將黑糖蛋塔餡倒入尖嘴杯，再平均倒入千層皮中。

❷ 放入烤箱，以上火 210℃ / 下火 200℃，烤焙約 20 ～ 23 分鐘，烤至千層皮酥脆上色，完成。

咖啡葡式蛋塔

份　　量 28 個　　**使用模具** 鋁箔模

賞味建議　現烤現吃較佳

| 原味千層外皮 | 材料

高筋麵粉①	300g	全蛋	25g	起酥瑪琪琳	230g
細砂糖	10g	白醋	8g	高筋麵粉②	適量
冰水	150g	天然釀酵無鹽奶油	55g		

| 原味千層外皮 | 製作

請參照第 176 頁「原味葡式蛋塔」千層外皮製作 1 ～ 8。

| 咖啡蛋塔餡 | 材料

牛奶	110g	動物性鮮奶油	480g
細砂糖	120g	蛋黃	7 顆
即溶咖啡粉	10g	全蛋	4 顆

| 咖啡蛋塔餡 | 製作

牛奶、細砂糖、咖啡粉上爐煮至 80℃，熄火，放涼到 60℃；續入動物性鮮奶油拌勻，再加入蛋黃及全蛋混合攪勻，過篩備用。

組合 > 烤焙

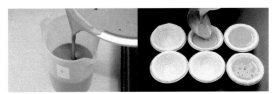

❶ 將咖啡蛋塔餡倒入尖嘴杯，再平均倒入千層皮中。

❷ 放入烤箱，以上火 210℃ / 下火 200℃，烤焙約 20 ～ 23 分鐘，烤至千層皮酥脆上色，完成。

抹茶葡式蛋塔

份　　量 28 個
使用模具 鋁箔模

賞味建議　現烤現吃較佳

抹茶千層外皮｜材料

高筋麵粉①	285g	白醋	8g
抹茶粉	15g	天然醱酵無鹽奶油	55g
細砂糖	10g	起酥瑪琪琳	230g
冰水	165g	高筋麵粉②	適量
全蛋	25g		

抹茶千層外皮｜製作

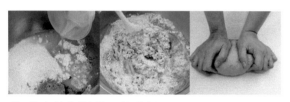

❶ 將高筋麵粉①、抹茶粉、細砂糖、冰水、全蛋、白醋放入鋼盆中混合，取出，揉成糰。

❷ 加入無鹽奶油，繼續揉成光滑的麵糰，包入塑膠袋，放入冰箱冷藏 1 小時。

❸ 冷藏完成後取出麵糰，擀成起酥瑪琪琳的 2 倍大，將瑪琪琳放在麵糰上，用麵皮包入，擀至厚度為 0.4 公分，折四折，包入塑膠袋，放入冰箱冷藏 20 分鐘。

❹ 冷藏完成後取出，再擀至厚度為 0.4 公分，折四折，包入塑膠袋，放入冰箱冷藏 20 分鐘。

❺ 冷藏完成後取出，再擀至厚度為 0.4 公分，折四折，包入塑膠袋，再次放入冰箱冷藏 20 分鐘。

❻ 冷藏後取出，壓扁，擀平成長 40 公分、寬 30 公分，若有氣孔可拿竹籤斜叉去除。表面上刷少許水，捲起成長條狀，修掉頭尾，切成每捲 1.5 公分寬。

❼ 麵糰二面沾上高筋麵粉②，用擀麵棍壓扁擀平，入模，邊緣以剪刀修掉多餘麵糰，放入冰箱冷凍定型即可。

| 抹茶蛋塔餡 | 材料

牛奶	110g
細砂糖	110g
抹茶粉	10g
動物性鮮奶油	590g
蛋黃	7 顆
全蛋	4 顆

| 內餡 | 材料

| 紅豆顆粒 | 280g |

| 抹茶蛋塔餡 | 製作

牛奶、細砂糖、抹茶粉放入鋼盆中，混合攪勻至細砂糖溶化，加入動物性鮮奶油拌勻，再加入蛋黃與全蛋混合攪勻，過篩備用。

組合 > 烤焙

❶ 每份千層皮中放入紅豆顆粒 10g，抹茶蛋塔餡倒入尖嘴杯裏，再平均倒入千層皮中。

❷ 放入烤箱，以上火 210℃ / 下火 200℃，烤焙約 20 ～ 23 分鐘，烤至千層皮酥脆上色，完成。

巧克力葡式蛋塔

份 量 28 個

使用模具 鋁箔模

賞味建議　現烤現吃較佳

| 巧克力千層外皮 | 材料

高筋麵粉①	285g	白醋	8g
可可粉	15g	天然釀酵無鹽奶油	55g
細砂糖	10g	起酥瑪琪琳	230g
冰水	165g	高筋麵粉②	適量
全蛋	25g		

| 巧克力千層外皮 | 製作

❶ 將高筋麵粉①、可可粉、細砂糖、冰水、全蛋、白醋放入鋼盆中混合，取出，揉成糰。

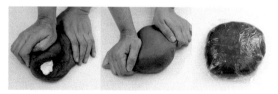

❷ 加入無鹽奶油，繼續揉成光滑的麵糰，包入塑膠袋，放入冰箱冷藏 1 小時。

❸ 冷藏完成後取出麵糰，擀成起酥瑪琪琳的 2 倍大，將瑪琪琳放在麵糰上，用麵皮包入，擀至厚度為 0.4 公分，折四折，包入塑膠袋，放入冰箱冷藏 20 分鐘。

❹ 冷藏完成後取出，再擀至厚度為 0.4 公分，折四折，包入塑膠袋，放入冰箱冷藏 20 分鐘後，取出，再擀至厚度為 0.4 公分，折四折，包入塑膠袋，再次放入冰箱冷藏 20 分鐘。

❺ 冷藏後取出，壓扁，擀平成長 40 公分、寬30公分，若有氣孔可拿竹籤斜叉去除。

❻ 表面上刷少許水，捲起成長條狀，修掉頭尾，切成每捲1.5公分寬。

❼ 麵糰二面沾上高筋麵粉②，用擀麵棍壓扁擀平，入模，邊緣以剪刀修掉多餘麵糰，放入冰箱冷凍定型即可。

| 巧克力蛋塔餡 | 材料

牛奶	110g	動物性鮮奶油	590g
細砂糖	110g	蛋黃	7 顆
可可粉	10g	全蛋	4 顆

| 內餡 | 材料

耐烤巧克力豆	140g

| 巧克力蛋塔餡 | 製作

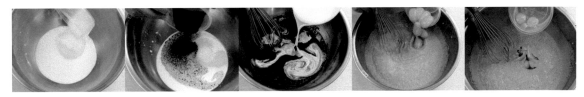

牛奶、細砂糖、可可粉放入鋼盆中，混合攪勻至細砂糖溶化，加入動物性鮮奶油拌勻，再加入蛋黃與全蛋混合攪勻，過篩備用。

組合 > 烤焙

❶ 每份千層皮中放入耐烤巧克力豆5g，巧克力蛋塔餡倒入尖嘴杯，再平均倒入千層皮中。

❷ 放入烤箱，以上火 210℃ / 下火 200℃，烤焙約 20 ～ 23 分鐘，烤至千層皮酥脆上色即可完成。

長條巧克力派司

份　　量　12 條

| 巧克力千層外皮 | 材料

高筋麵粉	285g	全蛋	25g
可可粉	15g	白醋	8g
細砂糖	10g	天然醱酵無鹽奶油	55g
冰水	165g	起酥瑪琪琳	230g

| 裝飾 | 材料

融化巧克力	150g	**蛋水**	
烤熟杏仁角	適量	全蛋	1 顆
		水	20g

※ 全蛋與水混合備用

| 巧克力千層外皮 | 製作

❶ 請參照第184頁「巧克力千層外皮」製作1～5。

❷ 將擀好的麵皮，切成長 20 公分、寬 5 公分的長
　條，用小刀從中間切開，頭尾各留2公分不切斷。

❸ 麵糰尾端往中間繞五圈。

組合 > 烤焙 > 裝飾

❶ 將蛋水以刷子刷於巧
　克力千層外皮表面。

❷ 放入烤箱，以上火 210℃ /
　下火 200℃，烤焙約
　22 ～ 25 分鐘，烤至千
　層皮酥脆上色即可。

❸ 出爐後放涼，淋上融化巧克力，再
　撒上烤熟杏仁角裝飾，完成。

巧克力太陽派

份　　量 2 個
使用模具 6 吋圓模型

賞味建議　室溫 3 天

巧克力千層外皮	材料
高筋麵粉	285g
可可粉	15g
細砂糖	10g
冰水	165g
全蛋	25g
白醋	8g
天然醱酵無鹽奶油	55g
起酥瑪琪琳	230g

裝飾	材料
藍莓果醬	120g
烤熟杏仁角	適量
防潮糖粉	適量

蛋水

全蛋	1 顆
水	20g

※ 全蛋與水混合備用

巧克力千層外皮 | 製作

❶ 請參照第 184 頁「巧克力千層外皮」製作 1 ~ 5。

❷ 取 6 吋的圓模型，將麵片修出二個 6 吋圓片備用。

組合 > 烤焙 > 裝飾

❶ 取一片圓形千層皮，抹上藍莓果醬，蓋上第二片麵糰。

❷ 用夾邊器將二片麵皮邊緣夾緊，以擀麵棍在圓心做一個記號。

❸ 用刮板在麵皮上分成八等份，再用刀子順著做好的記號切開，離圓心大約 2 公分中間不切斷，切好的八等份麵糰，每份中間劃一刀，頭尾不切斷；依序將麵糰尾端往中間繞二圈。

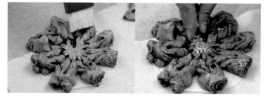

❹ 將蛋水以刷子刷於麵糰表面，中間撒上杏仁角裝飾。

❺ 放入烤箱，以上火 210℃ / 下火 200℃，烤焙約 25 ~ 28 分鐘，烤至千層皮酥脆上色。出爐後，表面撒上防潮糖粉裝飾，完成。

30款立體拉花　　26款平面雕花　　Step by Step
逾900張圖解說明

幸福湯圓

使用材料		使用器具	
濃縮咖啡液	適量	小湯匙	適量
奶泡	適量	咖啡匙	適量
巧克力醬	適量	畫筆	適量
橘色甜味劑	適量	雕花筆	適量
黃色甜味劑	適量		

1 備妥濃縮咖啡液。

2 徐徐注入奶泡。

3 注入奶泡至滿杯。

4 挖一球奶泡，搭配雕花筆製作第一個湯圓。

5 重覆上述步驟，完成第二個湯圓。

6 重覆上述步驟，完成第三個湯圓。

7 重覆上述步驟，完成第四個湯圓。

8 巧克力醬擠出眼睛、嘴巴。

9 變化臉部表情。

10 畫筆沾上黃色甜味劑，輕巧的上色。

11 力道輕巧，小心填色。

12 避免用力過猛使奶泡塌陷。

13 橘色甜味劑妝點嘴巴。

14 橘色甜味劑妝點腮紅。

15 橘色甜味劑妝點腮紅。

16 完成上色。

微笑太陽

使用材料	
濃縮咖啡液	適量
奶泡	適量
巧克力醬	適量
使用器具	
雕花筆	

1 徐徐注入奶泡。

2 注入奶泡至九分滿。

3

5 雕花筆取中心起始點，向外畫線。

6 東西南北向畫線。

7 依序再向外畫線。

8 重複上述步驟，繪製圖形。

9 完成圖形繪製。

10 取中心間距，向外繪製。

11 重複上述步驟，繪製圖形。

12 重複上述步驟，完成圖形。

13 雕花筆取條線中間位置，順時針拖曳。

14 重複上述步驟，拖曳圖形。

15 重複上述步驟，完成圖形繪製。

16 雕花筆取外圈位置，逆時針拖曳。

20 巧克力醬擠上

www.cosmosbooks.com.hk

書　　名	從鹹派到甜塔　西點烘焙圖解
作　　者	麥田金
責任編輯	林苑鶯
封面設計	何志恒

出　　版	天地圖書有限公司
	香港皇后大道東109-115號
	智群商業中心15字樓（總寫字樓）
	電話：2528 3671　傳真：2865 2609
	香港灣仔莊士敦道30號地庫/ 1樓（門市部）
	電話：2865 0708　傳真：2861 1541

發　　行	香港聯合書刊物流有限公司
	香港新界大埔汀麗路36號中華商務印刷大廈3字樓
	電話：2150 2100　傳真：2407 3062

出版日期	2018年4月/ 初版